ちくま新書

原発事故　自治体からの証言

今井 照
Imai Akira
自治総研 編

1554

原発事故　自治体からの証言【目次】

はじめに　今井 照　007

第一章　原発事故と自治体　今井 照　011

1　「誘致」から事故が起きるまで　012
2　事故から避難まで　027
3　避難指示解除から現在まで　040

第二章　大熊町で起きたこと、起きていること　石田 仁　051

1　伝えたいこと――検証のための記録を残しておきたい　052
2　原発避難開始から三春へ　067
3　一〇〇キロ離れた会津へ　092
4　復興へのステップ　105

5 これからの大熊町 118

第三章 浪江町で起きたこと、起きていること 宮口勝美 139

1 原発で変わった町――原子の火・地震・津波・避難 140
2 転々とする役場――津島から東和へ 162
3 議会、独自に動く 182
4 復興推進課長として――住民と国・県との間で 202
5 副町長として――馬場町長を支える 216

第四章 データから見た被災地自治体職員の一〇年 今井 照 235

1 生活環境――事故前採用職員に強いストレス 236
2 職場環境――役場内で議論ができていない 245
3 健康被害――カスハラによるストレス 253

4 就労意欲——職員を支えるのも住民 258
5 事故後採用職員——町民との葛藤 265
おわりに 今井 照 271
引用文献 280

はじめに

今井 照

東日本大震災と原発災害（東京電力福島第一原子力発電所苛酷事故）から一〇年が過ぎる。私たちの多くにとってはもはや「歴史」になりつつあるかもしれない。ただ「歴史」になりきれないまま現実そのものとして毎日を過ごしている人たちも少なくない。

たぶんそういう人たちにとっていちばん悔しいのは、この一〇年間の営みが社会に活かされていないことではないかと思う。できれば忘れたいし、何もなかったことにしたい。自分なりに事実を受け入れて、毎日を穏やかに暮らしていければどんなにいいだろうかと思う。何といっても一〇年も経つのだ。身体は衰え、子どもは成長する。

しかし、それにしても、と思う。なぜ社会は本当に何事も起こらなかったかのように進んでいくのか。もちろんそれは内在的な矛盾だ。何もなかったことにしたいのに、何事も起こらなかったかのように進む社会には苛立つ。それはわかっている。

でも原発災害についてはただの一人も「責任」を取っていない。いや「責任」なんて陳腐な言葉は使いたくないが、少なくとも私たちが納得できるような形で、ここがまずかったですね、という検証は行われていない。

そういえば、事故直後にいくつかの事故調査委員会が立ち上がった。その報告にはこれからも検証を続けていくと書かれていたような気がする。特に国会に置かれた事故調査委員会の報告書には「提言7」として、未解明部分について国会自身に「原子力臨時調査委員会（仮称）」を設置すると書いてあった。その後はどうしたのだろうか。

検証がないところには教訓も反省も生まれない。この一〇年間、確かにたいへんなことを経験してきたが、こういうことが二度と起こらないとわかれば、自分たちだけで引き受けることができるかもしれない。だから教訓も反省もない「伝承」に意義を感じない。

私たちの多くもまた広義の被災者だが、特にあの爆発音を聞いた人たちの口は年を重ねるごとに重くなっている。お話を聞こうとすると、もういい加減にしてくれ、といわれることもある。そのとおりだなと思う。何せ、社会は何事もなかったかのように進んでいく。私たちは非力だ。

ただ、ひょっとしたら後世の誰かが目にしてくれて、ああこんなこともあったのか、こうして生きた人もいたのかと思ってくれたら、という一縷《いちる》の望みにかける。本書もその一つになれたらうれしい。

この本は原発災害の被災地自治体の幹部職員へのインタビューを中心に構成している。直接的に辛酸をなめた人たちの声はかろうじて報道などで目にするが、なかなか簡単には話せない立場の人たちも少なくない。その一つが地域社会と住民に一義的な責任を負っている自治体（市町村）の役場職員たちである。

彼らは国や県とも、あるいは住民とも立場が異なる。市町村長や知事とも違う。彼らもまた日常を喪失した被災者であるにもかかわらず、そのことを安易に口には出せず、住民に対しては支援者であり、組織の中では統治の一翼を担う。意にそぐわないことにも手を着けざるを得ないし、そのことをおくびにも出せない。しかしそういう彼らを支えることができるのもまた住民なのである（第四章）。

正直にいえば、ここまで率直に話をしてくださったにもかかわらず、本書に記載できなかった話もたくさんある。皆さんには申し訳ないが、行間からそのことを読み取っていただきたい。残余の話はまた二〇年後、五〇年後に出せるかもしれないが、残念ながら私たちにも物理的な限界があり、現時点で出せるものだけでも出しておきたいと考えた。

第二章は福島県双葉郡大熊町《おおくままち》の石田仁《じん》前副町長のお話で、第三章は同じく浪江町《なみえまち》の宮口勝美《かつみ》前副町長のお話である。いずれも（公財）地方自治総合研究所（自治総研）に置かれた原発災害研究会のプロジェクトとして実施されたインタビューが基になっている。

その前に置かれた第一章は二人のお話を理解するための最低限の情報を記したもので、もし事情に精通している人であれば飛ばしてくださってもかまわない。第四章はお二人を含めた被災地自治体の役場や職員の状況を俯瞰する調査や統計をまとめ、二人のお話を補完しようとしている。

全体として本書から何が自治体（市町村）の本義なのかを感じ取ってもらえたらありがたい。結論を先取りすれば、決して行政サービスの質や量が自治体（市町村）の本質ではない（もちろんそれも大事だが）。最低限、これだけは自治体（市町村）にやってもらわなければならないというヒントがこの本にはあると思う。

もう少し大きなことをいえば、そのことを通じて、みんながストレスなく伸び伸びと暮らせる社会になることを期待している。

二〇二一年一月

第一章
原発事故と自治体
今井 照

小学校の原発施設見学会(2008年7月30日)。前方に原子炉のイラストが見える。

1 「誘致」から事故が起きるまで

†特攻隊訓練用飛行場・塩田・原発

まずなぜそこに原発が存在していたのかということから始めたい。自然災害と原発災害は共通するところも少なくないが、決定的に異なるのは、原発災害は理屈上ゼロにすることができるというところにある。地震や津波が起こるのは避けられないが、もし原発がそこに存在していなければ原発災害は起きないからだ。だから、なぜそこに原発が存在していたのかを確認しておくことは教訓と反省の「伝承」に向けた第一歩となる。

福島第一原発（東京電力福島第一原子力発電所）の敷地の大部分はかつて日本陸軍の飛行場だった。一九四〇年四月（一九三九年とする文献もある）、軍は三〇〇ヘクタールの土地を強制買収する。そこは松の木が生え、太平洋に崖となって落ちる台地で、長者ヶ原と呼ばれていた。

ときは一九三一年の満州事変、一九三七年の盧溝橋《ろこうきょう》事件などが続く戦時にあたる。もちろん、住民の意思が顧みられるような時期ではない。この結果、敷地内にあった一一戸

（一〇戸とする文献もある）の住民が移転を強いられる。この後、この土地を中心に福島第一原発が建設されるが、その時に移転することになったのも奇しくも一一戸だった。

磐城《いわき》飛行場と呼ばれるこの飛行場の建設に際しては、「郡内外の青年団、消防団、大日本愛国婦人会、学徒一般民等献身的勤労奉仕で半ば強制作業で工事が進められた」とある（一九八八年、原発敷地内に建立された「磐城飛行場跡記念碑」による）。つまり土地を拠出したばかりではなく、地元の人たちが軍用飛行場の建設に動員されている。

一九四一年四月に飛行場が完成し、ここに宇都宮陸軍飛行学校磐城分校（一九四四年に熊《くま》谷《がや》陸軍飛行学校に移管）が置かれて、陸軍のパイロット養成が行われていた。さらに一九四五年二月からは磐城飛行場特別攻撃教育隊として独立し、いわゆる特攻隊員が育成され、「第一線配属若者が、御国のため大空に散華」（同）することになる。

終戦間際の八月九日と一〇日には米軍空母艦載機の大空襲があり、飛行場が廃墟と化したのはもちろんのこと、周辺の住宅（夫沢《おっとざわ》地区三戸、熊町地区一〇戸）もその余波で爆撃を受けた。この時の爆撃の様子は米軍機のガンカメラに記録され、米国公文書館に所蔵されているらしく、ネット上に投稿されている。

こうして考えると、福島第一原発の敷地はそれ以前の段階から国策とは無縁ではなく、敢えて付け加えれば、そのために多くの住民が犠牲を強いられたともいえる。

写真1-1　現在の福島第一原発敷地にあった国土計画興業による塩田跡。左側の曲線は国道4号線バイパス。1963年4月26日の国土地理院空中写真から。

終戦後の一九四七年春、原野と化した飛行場跡地の一部で磐城塩田興業という会社が塩田事業を始める。翌年、国土計画興業という会社（現在は西武グループの㈱コクド）がそれを引き継ぎ、敷地を九九ヘクタールまで拡大する（東北学院大学文学部歴史学科 二〇二〇）。よく知られているように、国土計画興業の創設者である堤康《つつみやす》次郎《じろう》は公有地の払い下げによってビジネスを大きくしてきた。

一九四七年四月一三日の国土地理院空中写真には塩田のようすが写されている。海岸に作られた人工の入江から鉄管で海水を汲み上げ、その塩田で濃縮した後、パイプラインで長塚駅（現・双葉駅）にある製塩工場まで送っていたらしい。そこで精製された塩は常磐線を使って全国に向けて出荷されていた。

製塩方法の変化により、この事業は一九五四年（一九四九年までとする文献もある）で終了し、この地は再び荒れ地に戻る。いま、その塩田跡は福島第一原発から排出される汚染水タンクが林立しているところでもある。塩田と汚染水タンクのイメージを重ねるのは不謹慎かもしれないが、当時の写真を見ると、よく似た光景のようにも見える。

†「他の人に公言してもらっては困る」

国土計画興業が払い下げを受けた以外の敷地は住民たちに払い下げられることもあった。朝日新聞いわき支局（一九八〇）には、生々しい交渉の思い出話が記されている。このとき払い下げを受けたのは六〇人、約七〇ヘクタールとなっている。

農業を続けるための採草地として利用するため、再びこの地には松の木が植えられるが、そのわずか一〇年後には原発建設の話が持ち上がる。その後、このとき払い下げられた土地のおそらくほとんどは原発敷地として再び国に買い上げられているはずである。

どの時点を原発誘致の始まりと考えるかは微妙なところだが、中嶋（二〇一四）によると、一九五八年三月一四日に福島県議会で東北電力に対する原発誘致の質問が出ていることを嚆矢とする。注目するべきは、東京電力ではなくて東北電力の誘致だったことである。この福島県庁のスタンスはかなり後まで継続される。もともとは、域内の工業振興のための電力確保という発想からの誘致だったから、東京電力ではなく東北電力だったのだ。つまり地元で使う電力が想定されていた。

東京電力の社史によれば、この質問を受けて当時の佐藤善一郎知事が原子力発電の可能性に関する調査研究について庁内に指示をしたとされる。一九六〇年には県庁内の原発立地調査がまとまり、福島県は関係企業などにプレゼンをしたらしい。県庁から「打診」を受けた東京電力がその話に乗り、一九六〇年八月、「大熊町と双葉町《ふたばまち》にまたがる広範な区域を確保する方針を固め、県知事に対し斡旋方を申し入れた」と記されているという。

これを受けて、一九六〇年一一月二九日、福島県開発公社第二回理事会（理事長は知事）で、東京電力が申し入れていた敷地予定地におけるボーリング調査を公社が引き受けることを決定する。前月に発足したばかりの公社にとっては事業第一号で、公社の資金を使って調査をしたらしい。公社の職員の多くは県庁からの出向者で、事実上「完全子会社」だったという（福島民報社編集局 二〇一三）。この理事会に関する報道によって、初めて福島県庁による原発誘致計画が明らかになった。

これらの経過を見れば、福島第一原発誘致が地域とはかかわりなく福島県庁主導で行われていたことを想起させる。ただし、誘致とその結果とでは、福島県庁の立場にはズレが生じている。最大のズレは東北電力ではなくて東京電力の原発が立地する道筋を引いてしまったところにある。その結果、誘致の目的が域内の工業振興から、原発立地による地域振興へとズレてしまうことになった。

もともと福島県は戦前から首都圏への電力供給県だった。さらに戦時期に行われた電力の国家統制により、それが加速され、福島県で生み出した電力を県内ではほとんど使えないという状況が続いた。戦後の奥只見開発でも似たような失敗を味わう。電力を地元で使えるようにするというのが福島県の悲願でもあった。

ところが原発誘致でも同じ失敗を繰り返す。このことを糊塗するためもあってか、この時点では、東京電力に続いて東北電力による原発建設が予定されていることがほのめかされ、こちらも県庁主導での誘致活動が行われる。具体的にその動きは浪江・小高原発として表面化するが、こちらは地元の根気強い反対運動が五〇年余りも続いて、最終的には今回の事故後、計画が破棄されるに至った。

朝日新聞いわき支局（一九八〇）によれば、原発誘致予定地のボーリング調査は一九六二年頃に始まった（一九六〇年一一月着手とする文献もある）。現在の福島第一原発正門近くの民家に、東京の鑿井《さくせい》（井戸掘り）会社が来て井戸掘りへの協力を依頼される。住民が試掘の理由を聞くと県から頼まれて掘っているというだけで、何のために掘っているかは明かされなかった。一年ほど掘り続けた末に一九六三年に掘りあげ、井戸を閉めて引き上げたとされる。

一九六三年の初夏、今度は東電の技師が同じ民家に現れて、飛行場跡地の案内を乞うた。さらにその次に東電の副長が来て、同様に跡地の案内が求められた。その時に初めて「ここに原子力発電所を造る予定になっている」「他の人に公言してもらっては困る」といわれる。

そこで初めてこの住民、橋本鉄治郎は、ここ一年間の不思議な動きの意味を悟り、この地に原発建設計画があることを知ることになる。「広島や長崎みたいになるのか」という素朴な質問に対して、東電の副長は「大丈夫、地域は発展します。そのうちに町や県から話がありますから」と答えたという。

前述のように、一九六〇年一一月には福島県が原発誘致計画を持っていることが明らかになり、その約一年後、それを受けて一九六一年九月、大熊町議会は全面的に協力する旨の陳情書を東電と福島県に提出している。ところが、原発予定地の近隣住民にさえ、その情報は伝わっていなかったのである。

東電の副長が来た一〇日後、当時の志賀秀正大熊町長がやってきて、「原発用地を買収するようになる」「協力してくれ」といわれる。酪農家を目指していた橋本は飛行場跡地に牧草を育てる計画をしていたので「困ったもんだ」と答えている。

†「孫の代になって、ばかなことをしてくれたということにならなければいいが」

福島第一原発の敷地は大熊町と双葉町にまたがっている。当初計画では多くが大熊町であったが、その後、双葉町のエリアも追加された。福島県庁は大熊町と双葉町の対抗意識を前提にしつつ、競争意識をあおる形で、地域の協力体制を固めようとした（中嶋 二〇一四）。たとえば、当時の大熊町長が東電の測量部隊に四斗樽（樽酒）を差し入れると、県の役人はそのことを双葉町長に伝え、今度は双葉町長が酒席を設けたという話もある。

東電社員による当時の記録によれば、「県の人は出来るだけ地元両町が熱心に誘致していることを我々東電側に印象づけようと心配りに努めていた」と書かれているらしい。こうして福島第一原発の誘致は地域住民への説明がないまま、福島県庁主導のもと、福島県開発公社を実働部隊として進められた。

用地買収も福島県開発公社が担った。ただし国土計画興業所有の塩田跡地九九ヘクタールは東電自身が担当し、買収に反対していた堤康次郎が一九六四年四月二六日に逝去した後の一一月に契約は完了した。すでに一九六〇年頃、佐藤善一郎知事は東京・広尾にあった堤康次郎の家を訪ね、協力を依頼していたらしい（福島民報社編集局 二〇一三）。

その他の民有地の買収を担当した福島県開発公社は、一九六四年七月、公民館へ大熊町の地権者二九〇名を集め、町長立ち会いのもとに全員から九五ヘクタール分の承諾書を取り付けた。双葉町の地権者とも順調に交渉が進み、一九六六年三月に二〇ヘクタール、さらに敷地の追加分九九ヘクタールを加えて、一九六八年九月に東電へ引き渡された。こうして三二〇ヘクタールの原発用地の買収が完了した。

朝日新聞いわき支局（一九八〇）によれば、福島第一原発正門近くに住み、酪農家への道が閉ざされた橋本鉄治郎は、その後東電に雇用される。東電退職後も関連会社に勤めた。「暮らしは本当に楽になった」と振り返る。当時は「催眠術にかかったみたいだった」「原発ができれば電気代が無料になるべ、なんて考えていた」という。

その後、一九七九年三月二八日にスリーマイル島原子力発電所事故が起こり、橋本もショックを受ける。「世界一の原発地帯になったということは、世界一危険な地域になったといってもいい。何かあったらどこに逃げるか、私も町も示していないし、考えておかないと」「私は建設派だからいいが孫の代になって、ばかなことをしてくれたということにならなければいいが」と語っている。一九八〇年時点の橋本のつぶやきが、二〇一一年に現実化することになる。

朝日新聞いわき支局（一九八〇）には原発ができていかに大熊町が栄えたかが記録されている。一〇年で商店数は三割増、年商は八・二倍、飲食店数は三倍で年商は二一・五倍、建設業の従業員数は一七倍強など、まさに大熊町繁盛記が語られる。

中でも、トラック一台からスタートし、原発工事関連の建設会社からの受注を契機に、一九六七年四月に会社を設立し、とにかく目立つ名前がいいと思って会社名を「原子力運送」とした田主守のサクセスストーリーが印象的である。

私は原発事故の四年前、二〇〇七年一月に、当時勤務していた福島大学の学生とゼミ合宿の一環として福島第一原発を見学したことがある。その時に「原子力運送」の看板を見て思わずシャッターをきっていた。

このときのゼミ生の多くはサッカーフリークだったので、私たちはその前夜にJヴィレッジという、これも東電と縁のあるサッカー施設に泊まることにし、翌日の観光コースの一つとして原発見学を選んだ。ところが、見学申し込み段階から執拗に警戒され、何の目的で来るのかということを再三再四、電話で問われた。

当日は、一般の見学コースと同様に、最初に正門近くのサービスホールと称する体験型展示施設で、原発に関する説明を聞いた。その後、発電所のバスに乗り、一号機から六号機までの外周を走った。写真撮影は禁じられていた。原子炉に近いところで降ろされたのは、サイトシミュレーターと呼ばれる運転操作用の訓練施設で、そこには中央操作室がそのまま再現されていた。

写真1-2　国道4号線から福島第一原発へ入る交差点近くにあった「原子力運送」の看板。今は文字部分がはがされている。

そこで軽い衝撃を受けたのは、計器類がアナログばかりでデジタルではなかったことだった。考えてみればあたりまえで、建設当時の六〇年代にはデジタル表示がなかったか、少なくとも一般的ではなかったのである。このような古い設備で大丈夫なのかなと感じたことを覚えている。

その他、技能訓練センターという訓練施設を見た後、敷地外に出た。国道四号線に出る直前に見たのが「原子力運送」の看板だった。これはおもしろいと写真を撮った。敷地内は撮影禁止だったので、原発見学の写真はこれ一枚しかない。

†原発を誘致するための方便だった「福島のチベット」

原発建設によって地域が大きく変貌していったということは、第三章においても語られている。こういうときに使われるのは、この地は「福島のチベット」と呼ばれていたというマジック・ワードである。「福島のチベット」という比喩そのものは不適切であるが、歴史的表現だったので、ここでは使うことを許してほしい。

福島第一原発のある大熊町や双葉町は「福島のチベット」だったから、原発を誘致したという文脈で使われることも多い。しかし、それに対して「おおくまふるさと塾」の顧問である鎌田清衛は、次のように否定する。

何もなかったと一般的にはいわれていますが、原発を誘致するための一つの方便だったとも思います。大熊町は「辺鄙《へんぴ》な場所」のたとえとして、「福島のチベット」と言われていましたが、地元の人間はこの言葉は使っていなかったんです。私からすれば果物作りが波に乗ってきたとき、原発も一緒に入ってきた、という印象でした。（安田菜津紀「かつての特攻訓練場は、福島第一原発の敷地となった」Dialogue for People のサイト）

つまり「福島のチベット」という表現は原発を誘致するための方便だったとする。確かにそのことは傍証できる。二〇〇二年に公刊された東電職員の回顧録によれば、「福島県では檜枝岐《ひのえまた》地方と対比してこの地域を海のチベットと称していた。しかし、人々は大熊町まで相馬藩に属しており、隣接町村が天領であるのに比べて『我々は違う』という気位の高さを誇っていた」とある（中嶋 二〇一四）。

「海のチベット」といっていたのは福島県であり、地元では誇り高く暮らしていたということになる。このことについては多少付け加えなければならない歴史がある。現在の大熊町と双葉町の地域は相馬中村藩に属していた。双葉地区から見ると北方にあたる現在の相馬市に、その藩庁があった相馬中村城が残っている。

相馬中村藩は在郷給人（武士）制をとっていて、城下町にすべての武士を集めるのではなく、一部の武士は日常的には農村部で農耕をしながら行政活動をしていた。この地域で旧家と呼ばれる家は相馬中村藩の武士でもあったのである。

現在まで続く相馬野馬追《のまおい》も、参加できるのは相馬中村藩、すなわち現在の大熊町と双葉町を南限としていた。それがこの地域の誇りでもあった。もちろん、細かく見ていけば地域的差異があり、大正年間や終戦直後に入植してきた人たちもいる。

一九六〇年代は全国的に工業化が進行し、工業立地地域の所得が向上したこともあって、全般的に農村部の所得が低かったことは確かであり、双葉地区も相対的にはそのとおりである。しかし原発誘致とともに「福島のチベット」という言葉が使用されていることの政治的意味を考慮すれば、鎌田が指摘するように「原発を誘致するための一つの方便」だったという可能性も高い。

原発立地によって地域が一変したことは確かである。ただし、それは近隣のいわき市のように六〇年代に入って工業化が進展したところと同様の変化であり、その後の高度成長期にどこの地域からも「出稼ぎ」という形態がなくなったことよりも少し早く訪れた変化と理解したほうがいいだろう。

†東電によるトラブル隠しが発覚していなかったら

こうして一九六七年一月、福島第一原発一号機の建設が本格的に始まる。一九六九年五月に原子炉圧力容器が据え付けられ、一九七〇年一月から原子炉燃料が搬入される。一九七〇年七月に臨界に達し、一九七一年三月から営業運転が開始された。

一号機から六号機までの建設経緯（表1-1）を見ると、同時並行的に工事が進行しているのがわかる。とりわけ、四号機と五号機の完成が前後しているのが興味深い。これは一号機から四号機までが大熊町にあり、五号機と六号機が双葉町にあるという構図が反映されている。双葉町側から早期着工が求められたためであるらしい。少しでも早く固定資産税収入を上げたいということであろうが、最終的に同一年度に開業しているので、現実はどうだったのであろうか。

このあと、七号機と八号機の増設が予定されていた。二〇〇七年一月に福島第一原発を見学した時の資料によれば、七号機の運転開始は二〇一二年一〇月、八号機の運転開始は二〇一三年一〇月に予定され、すでに必要なアセスがすべて終了していると書かれている。しかもその規模は、一号機から六号機までの倍近くも大きく、一三八万キロワットとされている。

ところが二〇〇二年一〇月二日、原子力立地四町が増設計画の凍結を申し入れていた。それはその直前に東電によるトラブル隠しが発覚したためである。点検・補修作業によっ

	着工	営業運転	電気出力	主契約者
1号機	1967年1月	1971年3月	46.0万kW	GE
2号機	1969年5月	1974年7月	78.4万kW	GE／東芝
3号機	1970年10月	1976年3月	78.4万kW	東芝
4号機	1972年9月	1978年10月	78.4万kW	日立
5号機	1971年12月	1978年4月	78.4万kW	東芝
6号機	1973年5月	1979年10月	110.0万kW	GE／東芝

表1-1　福島第一原発の建設経緯
〔出所〕福島第一原発資料などから筆者作成

て発見された原子炉内のシュラウド（原子炉の中心を覆っているステンレス製の円筒）のひび割れが点検表では改竄《かいざん》されていたというものであった。これは二〇〇〇年七月、GEI社（ゼネラル・エレクトリック・インターナショナル）のアメリカ人技術者による内部告発で発覚したもので、しかも約二年もの間、東電は不正を認めてこなかった。

もしこの事件が発覚していなかったら、そしてそれを機に計画が遅れることにならなければ、おそらく二〇一一年の原発事故時には七号機と八号機が完成間近であっただろう。想像するだけで、それは異様な姿だ。

一方、立地町は事故直前に再び増設推進に立場を転換させていた。何か大きな波に翻弄される地域を感じる。幸か不幸か、事故まで時間がなかったことから、七号機と八号機は建設開始までに至らなかった。

こうして二〇一一年三月一一日を迎える。事故そのものについてはすでに多くのところで語られており、自治体の視点からは第二章と第三章で詳しく展開される。被災者や避難者のこの一〇年間についても、いくつかのルポが出ている他、私もこの一〇年間に及ぶ避難者調査のまとめを朝日新聞福島総局との共編で公刊することになっている。そこでここからは、本書の第二章、第三章に出てくる言葉を中心に事故後の経緯を整理しておきたい。

2　事故から避難まで

†オフサイトセンターは真っ暗だった

二〇一一年三月一一日、地震や津波と同時並行で原発事故が起こり、メルトダウン（原子炉の炉心の温度が上昇し、核燃料が融解すること）からメルトスルー（融解した核燃料が圧力容器の底を突きぬけ外部に出ること）に至る。どのようなメカニズムで原発事故が起きたのかは完全に解明されたわけではない。さらにもっと大きな被害になってもおかしくないのに、どのようにして収束したのかも判然とはしない。いずれもいまだに現場に近づくことが困難なので、周辺状況からの推測にとどまる。

とにかく事故は起きた。それまでも原子力防災訓練は地域の輪番制で毎年行われていた。

このことは第三章でも詳しく触れられている。その中心となるのがオフサイトセンターと呼ばれる施設であり、大熊町の中心部に置かれていた。

オフサイトセンターのことを法律上の呼称では緊急事態応急対策拠点施設という。原発構内をオンサイトと呼ぶのに対して、オフサイトとは原発構外のことを指す。つまりいざ原発に異常が生じたときに、原発構外に拠点を置いて、そこに政府の現地対策本部を置き、原発災害対応にあたる施設である。

オフサイトセンターは二〇〇〇年六月一六日に施行された原災法（原子力災害対策特別措置法）一二条で設置が決められた。この法律は一九九九年九月三〇日に東海村で発生したJCOウラン加工施設の臨界事故を教訓として制定されている。大熊町のオフサイトセンターは二〇〇二年四月一日に開所した。

今回の原発事故では、三月一一日一五時四二分の福島第一原発の一〇条通報（後述）を受けて、経済産業省が現地対策本部長となる池田元久経産副大臣と職員六人を大熊町のオフサイトセンターに向けて一七時頃に派遣した。

しかし東京圏でも地震後の激しい渋滞があり、霞が関から秋葉原までのわずかな距離に二時間も要し、結局、防衛省に引き返す。二一時三分、自衛隊のヘリコプターに乗り、二二時一三分、川内村と田村市にまたがる航空自衛隊大滝根山分屯基地に到着する。そこから自衛隊の車に乗り、三〇キロ先のオフサイトセンターには一二日午前〇時頃にようやく着いた。

しかも、オフサイトセンターは施設的にみても不十分だった。もともと訓練の時でさえ身動きができないくらいの狭さだった（福島民報社編集局 二〇一三）。地震直後から停電し、非常用電源も起動しなかった。経産副大臣が到着した時も真っ暗だった。そこで隣接する県の原子力センターで待機し、電源が回復してオフサイトセンターに入ったのは一二日午前三時一七分とされている。

写真1-3　原子力防災訓練で参加者などに配られた福島県発行の広報資料「原子力防災川柳カレンダー」。「うわぎ着て　マスク・帽子で　よし避難」「安心の　お世話をします　避難所で」などの川柳とともに避難方法が啓発されていた。

つまり事故から半日はきちんとした体制が整わなかった。国、都道府県、市町村、事業者から職員が参集することになっていたが、職員の派遣そのものが遅れた。一三省庁四五人が集まるはずだったが、実際には五省庁二六人しか集まらなかった（朝日新聞特別報道部 二〇一二）。特に被曝対策を担う厚生労働省は三月二一日まで派遣をしていない（『政府事故調 中間・最終報告書』）。

オフサイトセンターに入っても電話回線一三五台分はすべて不通だった。かろうじて衛星電話六台のうち二台だけが使用できた。室内の放射線量も上がり、三月一四日の夜から一五日にかけて、早々に福島県庁近くの自治会館に撤退し、現地対策本部としての機能を果たせなかった。なぜオフサイトセンターがこのような状態に陥ってしまったのか、そもそもどういう経過でこの地に建てられたのかなどについてはきちんと検証されていない。

オフサイトセンターについては第二章でも第三章でも触れられている。特に第三章ではオープン当時の視察から感じた問題点について具体的に述べられている。

†一〇条通報、一五条通報、原子力緊急事態宣言

福島第一原発については、三月一一日一五時四二分、全交流電源喪失を理由として一〇条通報があり、一六時三六分には非常用炉心冷却装置注水不能を事由として一五条通報に該当する事態が生じたという報告が出た(一五条通報そのものは原子力安全・保安院〔当時〕が首相に対して行う)。一〇条通報、一五条通報とは原災法に基づくもので、原発が異常な状態になるとその段階に応じて出される。

一〇条通報と一五条通報に該当する報告は、原発所長から、経済産業大臣、福島県知事、大熊町長、双葉町長の四者を宛名にしたファクスで送られている。ただし、現在、原子力規制委員会のウェブサイトで公開されているファクスを見ると、いずれも東電から回送さ

れている。経産省に直接届いていないのかもしれないし、届いていても伝達されなかったのかもしれない。回送されたファクスは、一〇条通報が一六時〇〇分発、一五条通報の報告が一六時五九分発になっていて、先ほどの発生時刻からは少しずつ遅れる。これが官邸に届くのはさらに遅くなったと思われる。

『大熊町震災記録誌』には、原子力規制委員会で公開されている一五条通報の報告と同じものとみられるファクスが掲載されている。ところがそれは一九時七分に福島第一原発から発信されている。つまり発生時刻からすでに二時間半も経過している。おそらく何らかの事情で、最初のファクスが大熊町役場には届いていなかったと思われる。

　ファクスの宛先を見ると、原発立地自治体である大熊町と双葉町に対しても最初から一〇条通報と一五条通報の報告が送られたことになっているが、リアルタイムには確認されていない。その要因が

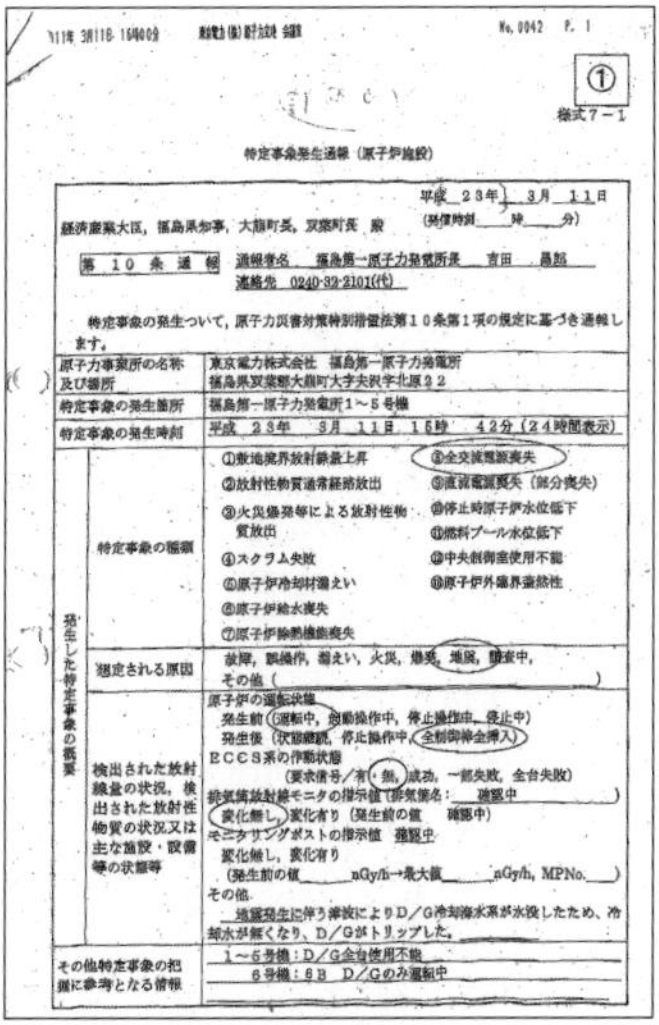

11年 3月11日 16時00分　　No.0042 P.1

①

様式7－1

特定事象発生通報（原子炉施設）

平成 23年 3月 11日
（発信時刻　時　分）

経済産業大臣，福島県知事，大熊町長，双葉町長 殿

第10条通報　通報者名　福島第一原子力発電所長　吉田　昌郎
連絡先　0240-32-2101(代)

特定事象の発生ついて，原子力災害対策特別措置法第10条第1項の規定に基づき通報します。

原子力事業所の名称及び場所		東京電力株式会社　福島第一原子力発電所 福島県双葉郡大熊町大字夫沢字北原22
特定事象の発生箇所		福島第一原子力発電所1～5号機
特定事象の発生時刻		平成 23年 3月 11日 15時 42分（24時間表示）
発生した特定事象の概要	特定事象の種類	①敷地境界放射線量上昇　②放射性物質通常経路放出　③火災爆発等による放射性物質放出　④スクラム失敗　⑤原子炉冷却材漏えい　⑥原子炉給水喪失　⑦原子炉除熱機能喪失　⑧全交流電源喪失　⑨直流電源喪失（部分喪失）　⑩停止時原子炉水位低下　⑪燃料プール水位低下　⑫中央制御室使用不能　⑬原子炉外臨界蓋然性
	想定される原因	故障，誤操作，漏えい，火災，爆発，地震，調査中，その他（　）
	検出された放射線量の状況，検出された放射性物質の状況又は主な施設・設備等の状態等	原子炉の運転状態 発生前（運転中，起動操作中，停止操作中，停止中） 発生後（状態継続，停止操作中，全制御棒全挿入） ECCS系の作動状態 （要求信号／有・無，成功，一部失敗，全台失敗） 排気筒放射線モニタの指示値（排気筒名：確認中） 変化無し，変化有り（発生前の値　確認中） モニタリングポストの指示値　確認中 変化無し，変化有り （発生前の値　nGy/h→最大値　nGy/h，MPNo.　） その他 地震発生に伴う津波によりD／G冷却海水系が水没したため、冷却水が無くなり、D／Gがトリップした。
その他特定事象の把握に参考となる情報		1～5号機：D／G全台使用不能 6号機：6B　D／Gのみ運転中

写真1-4　原子力規制委員会のウェブサイトで公開されている10条通報を伝えるファクス

どこにあったのかは現時点からはたどれないかもしれないが、県庁には伝わっていたと思われる。福島県庁の文書（福島県生活環境部「東日本大震災に関する福島県の初動対応の課題について」二〇一二年一〇月）によれば、「通信回線の不足、通信機器の損傷」があり、県から市町村への一〇条通報、一五条通報の情報提供については総合情報通信ネットワークを使って三月一二日から開始したとある。

一〇条通報があると自治体は「専門的知識を有する職員」の派遣を要請することができる（一〇条二項）。この場合の職員とは、現地に駐在する原子力安全・保安院など国の職員を指すと思われるが、実際には安全協定に基づいて東電の職員が連絡員として来ていただけだった。もちろん、これも立地自治体だけであり、隣接自治体には来ていない。

これらのことからわかるのは、自然災害と原発災害とでは情報の流れ方が異なるという点である。自然災害の最大の情報源は現場と現地にあり、そこを中心にして情報が広がっていく。

一方、原発災害は目に見える災害ではなく、あくまでも機器による計測によって推し量る災害なので、情報は現場から一旦、東京に報告され、今回の場合には東電本社から経済産業省、そして官邸へと伝えられている。そこで一定の判断が下るとそこから逆方向に伝わって現地に至る。したがって、現地自治体には相当な時間を経過してから情報が入ることになり、なおかつ途中で情報が断絶したり変容することも想定される。

現地で唯一、原発事故を実感させたのは爆発音だった。三月一二日一五時三六分の一号機建屋の水素爆発音は多くの住民の耳に恐怖とともに残っている。水素爆発とは、原子炉圧力容器で発生した水素が、配管や容器などの破損箇所を通って原子炉を覆う建屋に漏れ出し、その水素と酸素が混ざって起きる。ただし、その爆発音が水素爆発であるということは後になってわかることであって、第二章にあるように、その爆発音を直接、聞いた人たちは原子炉格納容器そのものが爆発したものと思い込み、誰もが生命の危険を感じた。三月一四日一一時一分には三号機建屋が水素爆発した。三月一五日六時一四分頃、大きな衝撃音があり、その後四号機建屋の屋根が損傷していることがわかり、九時三八分には火災も確認された。

東京電力が公表している原発構内のモニタリング状況によれば、三月一二日早朝の四時から放射線量が上昇していることから、放射性物質の排出は水素爆発が起こる前からあったとみられるが、最大の放出は三月一五日早朝の二号機圧力抑制プールの爆発と損傷以降であり、建屋が損傷していない唯一の二号機からとみられている（原子力資料情報室 二〇一六）。

†モニタリングポストとSPEEDI

オフサイトセンターに隣接する福島県の原子力センターは一九七四年四月、原子力対策駐在員事務所からの組織変更で設置された。福島第一原発が営業運転を始めてから三年後のことだった。その時からモニタリングポストによる放射線の常時監視体制が作られている。

モニタリングポストとは放射線の空間線量を計測するもので、事故時には大熊町、双葉町、富岡町《とみおかまち》、楢葉町《ならはまち》の原発立地自治体をはじめ、浪江町、広野町の隣接自治体を加えて二三カ所に設置されていた。データは二分ごとに原子力センターに送られていた。

ところが、事故後「いつかは覚えていないが、途中からデータが入らなくなった」(福島民報社編集局 二〇一三)。特に重要なモニタリングポストには一般の電話回線以外に衛星回線でもデータが送られるようになっていたが、衛星回線への切り替えは自動ではなく、直接、職員が出かけていって手動で操作する必要があった。

その後、二三カ所のうち四カ所は津波で流され、残りの一九カ所は停電や電話回線の不通で機能しなくなっていたことがわかる。しかし少なくとも事故直後の一定時間は動いていたと思われ、もしその情報が自治体に伝わっていたら、避難の判断やその方法に際して、被曝を避ける工夫がとれたのではないかという声もある。

さらにSPEEDI《スピーディ》（緊急時迅速放射能影響予測ネットワークシステム）の情報も市町村には伝えられなかった。SPEEDIとは、原発などから大量の放射性物質が放出されたり、そのおそれがあるときに、気象条件や地形データを基に放射性物質がどのようにどの程度流れていくかを予測するものである。

SPEEDIはオフサイトセンターを含む諸機関とネットワークで結ばれていて、計算そのものは文科省から委託された原子力安全技術センターが行うが、原子力安全・保安院も独自に行っていた。今回も三月一一日一六時から複数の想定をもとに一五〇回以上も計算をしている（原子力資料情報室 二〇一六）。しかしそのデータは官邸にさえ届いていなかった。まして市町村にも届いていない。

県庁の災害対策本部にはメールとファクスで送られていたが、受信したメール八六通のうち六五通を削除し、なおかつ全く活用されていなかったことが福島県庁自身の調査で明らかになっている（福島県災害対策本部事務局「福島第一原子力発電所事故発生当初の電子メールによるSPEEDI試算結果の取扱い状況の確認結果」二〇一二年四月二〇日）。

第三章で詳しく述べられるように、結果的に浪江町の住民は放射能の雲（プルーム）が流れる方向に避難したことになってしまった。比較的放射線量の低かった沿岸部から比較的放射線量が高い山間部の津島地区へと移動したのである。

もしSPEEDIの情報が市町村に伝わっていれば、こういう事態を免れたかどうかはわからないが、少なくとも放射性物質は原発を中心とした同心円状に拡散するものではないということは自覚できたはずである。

原発から三〇キロも離れればという安心感から、津島地区では外を歩く人や外で遊ぶ子どもたちも多く見られたという。このときどの程度の初期被曝を受けたのかという疑問が避難者たちの将来への健康不安につながっている。現在は原子力規制委員会のウェブサイトで当時のSPEEDIが公開されている。

†避難指示・役場の避難

国による避難指示は三月一一日二一時二三分を最初に、六次にわたって出されている(表1-2)。これらの避難指示のうち、国から市町村に直接の電話連絡があったのは、三月一二日の早朝、当時の細野豪志首相補佐官から大熊町長に一〇キロ圏内避難指示が伝えられた一件のみであり、その他はいずれも非常用電源でかろうじて見られたテレビなどから知ることになった。

この他、福島県は国からの避難指示の三三分前の二〇時五〇分に二キロ圏内の避難指示要請を出している。もともと法的には県が市町村に対して避難指示を出す権限はない。しかし福島県庁には原発情報を読み解ける技術系の職員がいて、上司を通じて知事に進言し、独自の避難指示要請を出したとされている（東京新聞原発事故取材班 二〇一二）。ただ残念ながら当該の町にその情報が届いた形跡は見当たらない。避難指示を受けた市町村の動きや住民の避難については第二章と第三章で詳しく書かれている。

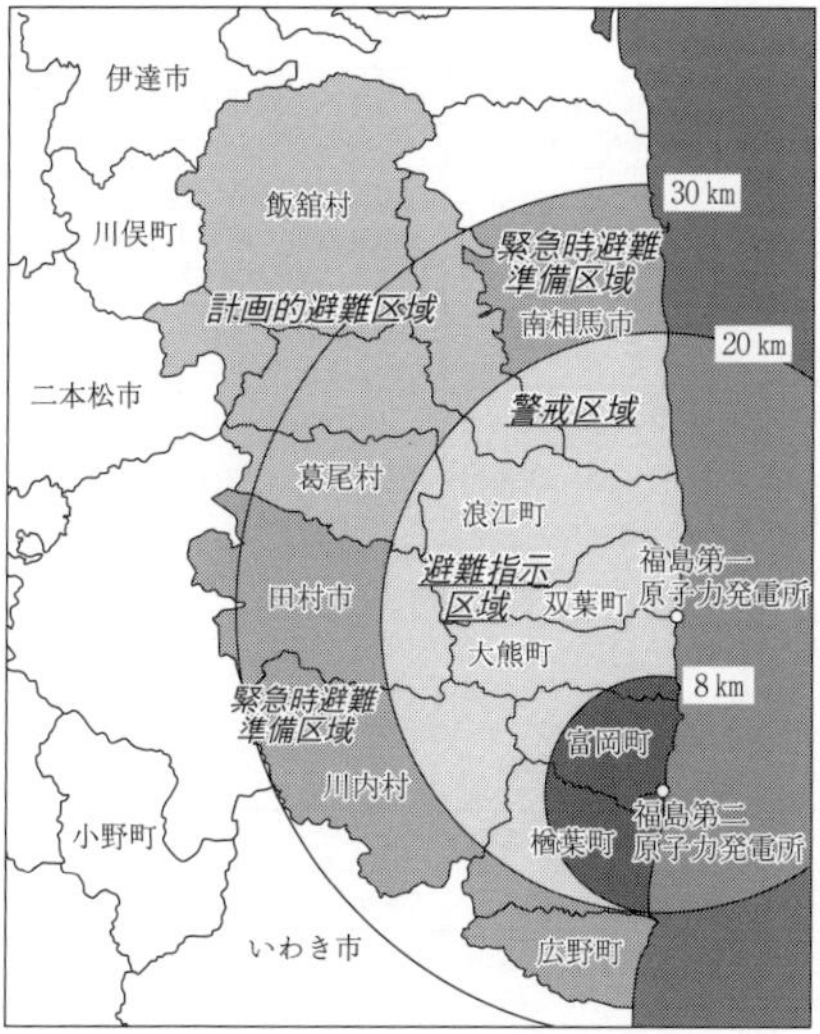

図1-1　2011年4月22日時点の避難指示区域
〔出所〕福島県ウェブサイト

こうして原発から同心円状に出されていた避難指示に対して、実際の空間放射線量の数値などから、四月二二日、避難指示区域の再編が行われ、同時に警戒区域が指定された（図1-1）。まず福島第一原発から二〇キロ圏内が警戒区域に設定され、立ち入りが禁止された。その周囲に放射線量と行政区画に配慮しつつ、「緊急時避難準備区域」と「計画的避難区域」が定められている。計画

月日	時刻	国の避難指示	該当市町村
3月11日	21時23分	福島第一から3km圏避難指示、3〜10km圏屋内退避指示	南相馬市・浪江町・双葉町・大熊町・富岡町のいずれも一部
3月12日	5時44分	福島第一から10km圏避難指示	双葉町・大熊町・富岡町の全域と南相馬市・田村市・浪江町・楢葉町・広野町・葛尾村・川内村のいずれも一部
	7時45分	福島第二から3km圏避難指示、3〜10km圏屋内退避指示	
	17時39分	福島第二から10km圏避難指示	
	18時25分	福島第一から20km圏避難指示	
3月15日	11時00分	福島第一から20〜30km圏屋内退避指示	南相馬市・田村市・いわき市・浪江町・楢葉町・広野町・葛尾村・川内村・飯舘村のいずれも一部

表1-2　国による避難指示と該当市町村
〔出所〕各報道などから筆者作成

	移転先
広野町役場	→3/15小野町（体育館）→4/15いわき市（工場社屋）→2012/3/1帰還
楢葉町役場	→3/12いわき市（中央台）→3/25会津美里町（本郷庁舎）→12/20会津美里町（会社社屋跡）→2012/1/17いわき市（いわき明星大学）→2015/7/1帰還
富岡町役場	→3/12川内村→3/16郡山市（ビッグパレット）→12/20郡山市（大槻町）→2017/3/6帰還
川内村役場	→3/16郡山市（ビッグパレット）→2012/4/1帰還
大熊町役場	→3/12田村市（体育館）→4/3会津若松市（第2庁舎）→2019/5/7大川原の新庁舎へ帰還
双葉町役場	→3/12川俣町→3/19さいたま市（スーパーアリーナ）→4/1加須市（旧高校）→2013/6/17いわき市（東田町）
浪江町役場	→3/12津島支所→3/15二本松市（東和支所）→5/23二本松市（共生センター）→2012/10/1二本松市（平石高田）→2017/4/1帰還
葛尾村役場	→3/14福島市（あづま総合体育館）→3/15会津坂下町（川西公民館）→4/21会津坂下町（法務局庁舎跡）→7/1三春町（三春の里）→2013/4/30三春町（貝山）→2016/4/1帰還
飯舘村役場	→6/22福島市（飯野支所）→2016/7/1帰還

表1-3　役場の避難（移転）経緯
〔出所〕各報道などから筆者作成

的避難区域は準備ができしだい一カ月以内に避難することが求められる地域である。つまりそれまで避難指示が出ていなかった地域が新たに避難を指示されたことになる。

計画的避難区域は放射能の雲（プルーム）が流れたエリアとおおよそ合致している。具体的には、飯舘村《いいたてむら》と葛尾村《かつらおむら》の全域と南相馬市と川俣町《かわまたまち》の一部、浪江町北部が該当する。ただし葛尾村と浪江町はその前の段階で自治体の判断によりすでにほぼ全員が避難をしており、南相馬市の該当地域の住民はごく少数だったので、一番、衝撃を受けたのは飯舘村と川俣町の一部の住民だった。一カ月余りも放射線量の高い地域に暮らしていたことになるからである。

国による避難指示としてはこの時点での面積が一番広くなり、およそ一五五〇平方キロメートルになる。これは東京二三区の約二・五倍にあたる。避難指示によって、関係する役場もまた避難を重ねた（表1－3）。今もなお、双葉町役場が域外にとどまっている。

3　避難指示解除から現在まで

†区域再編・避難指示の解除

その後、二〇一二年から区域再編が進められ、放射線量の予測に基づいて、市町村ごとに「帰還困難区域」「居住制限区域」「避難指示解除準備区域」の三つに順次組み替えられた。行政区（集落）単位の指定を基本とするが、行政区内でも放射線量は異なるなど、種々の事情が斟酌されたり、あるいは今後の避難指示解除の時期、除染、賠償などにも影響するので、調整を任された市町村は苦慮することになる。

図1-2　2013年8月8日時点での避難指示区域
〔出所〕福島県ウェブサイト

二〇一三年八月に三区域への再編が完了した（図1-2）。二〇一四年一二月末時点で、国からの避難指示によって三区域を合わせて約八万人の人たちが地域を離れていることに

	帰還困難	居住制限	解除準備	計	居住者数	居住率
田村市			358	358	229	64.0%
南相馬市	2	506	12,092	12,600	4,209	33.4%
川俣町		126	1,071	1,197	351	29.3%
楢葉町			7,510	7,510	3,932	52.4%
富岡町	4,207	8,745	1,381	14,333	1,205	8.4%
川内村		54	276	330	118	35.8%
大熊町	10,565	370	23	10,958	153	1.4%
双葉町	6,214		253	6,467	0	0.0%
浪江町	3,318	8,193	7,841	19,352	1,227	6.3%
葛尾村	117	62	1,329	1,508	416	27.6%
飯舘村	270	5,268	791	6,329	1,408	22.2%
計	24,693	23,324	32,925	80,942	13,248	16.4%

表 1-4　避難指示区域の人口（2014 年 12 月末）と現在の居住者数（2020 年）
〔出所〕避難指示区域の人口は経済産業省ウェブサイトから、居住者数は NHK WEB 特集「原発事故９年 住民の帰還はどこまで進んでいるのか？」から筆者作成。居住者数には新規転入者が含まれているので、帰還者数（帰還率）とは異なる。

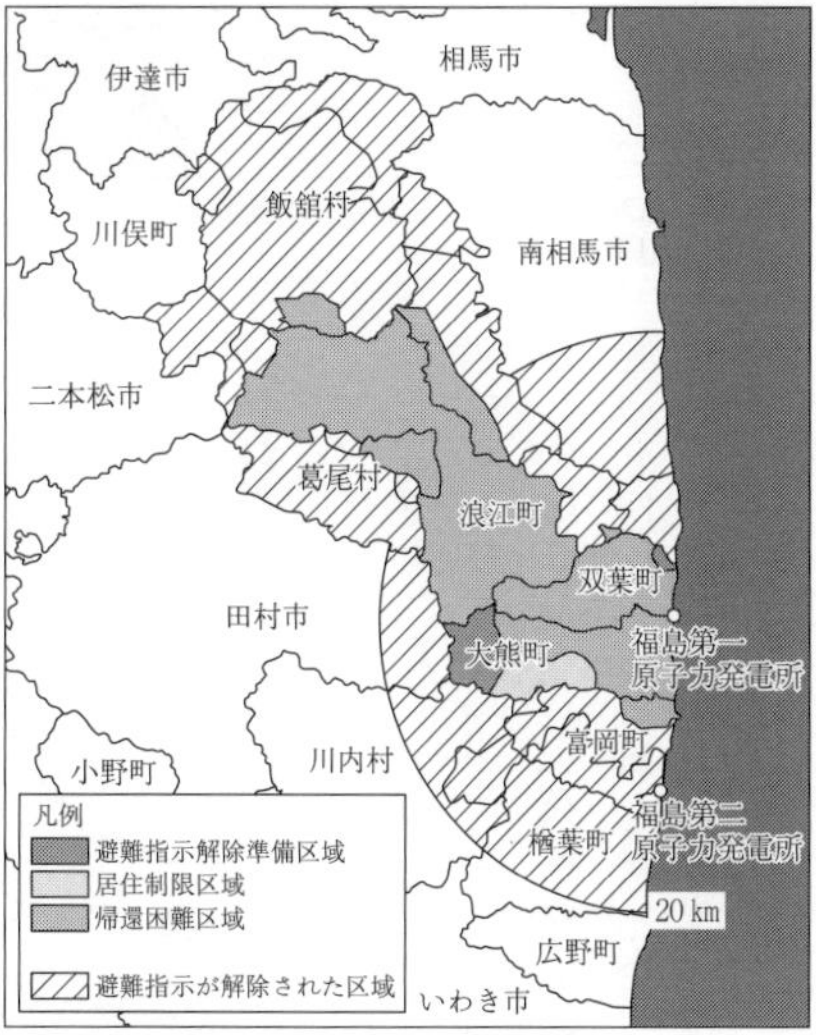

図 1-3　2017 年 4 月 1 日時点での避難指示区域
〔出所〕福島県ウェブサイト

なる（表1-4）。ただしこの数字はすでに避難開始から三年以上もたったものなので、この間に避難先へ住民登録を移した人も少なくなく、八万人の何割か増しの人たちが事故時には居住していたと思われる。

参考として、二〇二〇年一月末日もしくは二月一日現在の居住者数に基づく居住率を計算した（表1-4）。ただし、居住者数は事故以前からの住民ばかりではなく、新規転入者も含まれているので、帰還者数（帰還率）とは異なり、事故以前との比較はあくまでも目安に過ぎない。

また、三区域に含まれていない広野町や川内村の一部でも、町村独自の判断で一度は避難指示が出ている。南相馬市でも避難が勧奨された時期がある。さらにこれらの地域の周辺では多くの人たちが放射能リスクを感じて、県内や県外に避難している。このような人

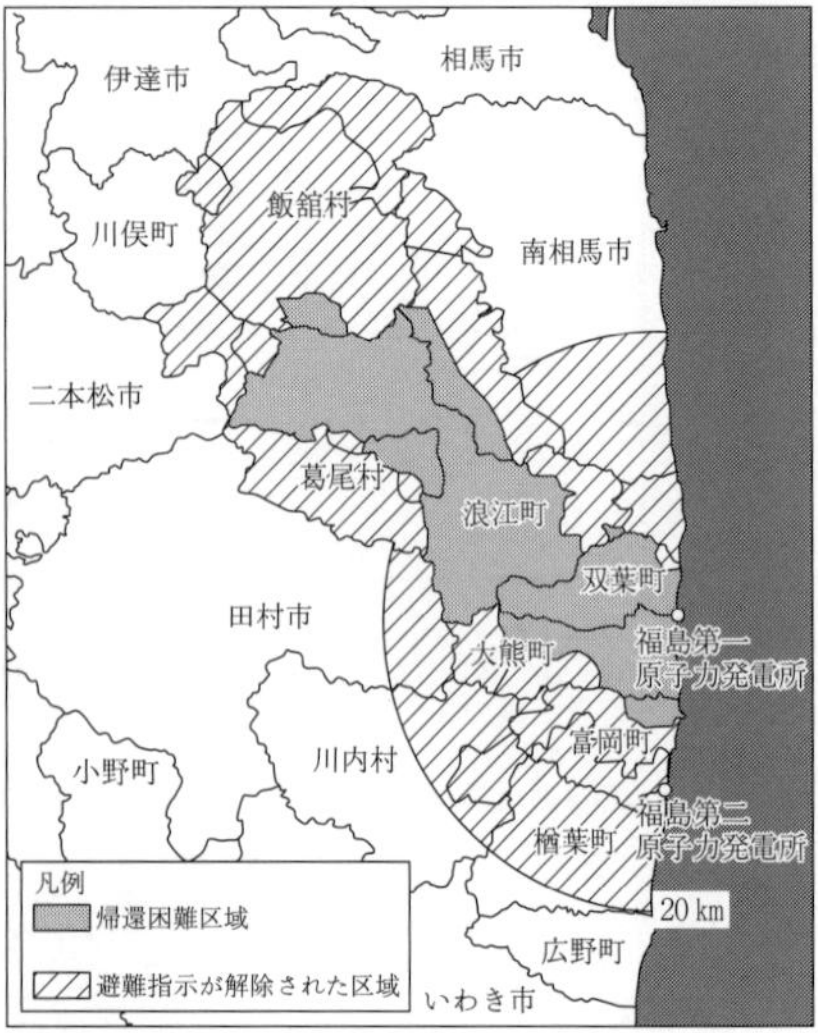

図 1-4　2020 年 3 月 10 日時点での避難指示区域
〔出所〕福島県ウェブサイト

たちは「自主」避難と呼ばれているが、事故によって避難を強いられたという点では避難者そのものである。

復興庁公表の集計では最大時に一六万人の避難者がいた。この数字も過小であるという批判を浴びているが、少なくともこれだけの人たちが地域を追われたことは間違いない。

その後の避難区域の変遷のうち、第二章に関連するものとしては、二〇一九年四月一〇日に大熊町としては初めて一部地域の避難指示が解除され（図1－4）、第三章に関連するものとしては、二〇一七年三月三一日に浪江町としては初めて一部地域の避難指示が解除されている（図1－3）。

†除染・中間貯蔵施設・廃炉

被災地住民の最低にして最大の希望は元の地域環境に戻してほしいという原状回復である。そのために除染と廃炉が必要不可欠のものとして求められる。原発周辺の除染特別地域は国直轄で環境省が除染を行い、その他の福島県内はもとより、岩手県から埼玉県、千葉県に至る除染実施区域では市町村が除染にあたる。

環境省の除染特別地域の除染状況を見ると、帰還困難区域以外は除染完了地域として地図が塗りつぶされていて、あたかも地域全体の除染が完了しているかのように錯覚するが、実際は住宅、田畑、道路など生活圏の除染が終わっているだけで、山間地、河川、ダムなどは除染されていないし、今後の予定もない。

さらにいまだに広大な面積を占める帰還困難区域については、先行して特定再生復興拠点の除染が始まったばかりで、その他の大部分の帰還困難区域については手が着けられる見通しも立っていない。そもそも除染とは地上に降り注いだ放射性物質を集めて、保管、管理、処分することであるが、現在の技術では無害化することが不可能なので、「移染」に過ぎないと批判されることもある。

写真1-5　除染に伴う汚染土などを福島県内各地の仮置場から中間貯蔵施設に運ぶダンプカーの車列

除染で集められた汚染土などはそれぞれの県内で保管されている。福島県内ではまず近隣の田畑などに設けられた「仮仮置場」に黒いフレコンバッグに詰められて集められる。都市部では、一旦、住宅の敷地内に埋められて保管されることもある。その後、「仮置場」に移され、そこからさらに中間貯蔵施設と呼ばれる広大な敷地に運ばれる。現在はその途上にある。この数年間、福島県内はフレコンバッグを運ぶダンプカーの車列が絶えない。

中間貯蔵施設というと、一つの建物のような印象を受けるが、実際は福島第一原発を取り囲むようにして大熊町と双葉町にまたがる一六〇〇ヘクタールの土地である。原発敷地を合わせれば二〇平方キロメートル近くになり、東京でいえば、山手線内の三分の一弱、千代田区と中央区を合わせた面積に近くなる。

敷地内には住宅地や市街地もあるので、登記簿上の地権者数は二三六〇人にのぼるが、連絡先が把握できているのは約二〇九〇人で、二〇二〇年一〇月末時点では、このうち一七八三人と契約済みとのことだ（環境省中間貯蔵施設情報サイト）。いい換えると、これだけの人たちが原発事故後、新たに土地を拠出したことになる。陸軍飛行場に接収された歴史や福島第一原発に土地を差し出した歴史がより大規模になって繰り返されている。

ここでは運ばれてきた汚染土などを分別し、減容化と称して燃やせるものは燃やしている。その他の汚染土などは埋められて保管される。焼却灰のうち、一〇万ベクレル／キログラム（ベクレルとは放射線を放つ放射能の量の単位。これに対してシーベルトとは人体が直接受ける放射線量の単位）以下のものは、他の八〇〇〇ベクレル／キログラム以上の指定廃棄物とともに管理型処分場で保管される。福島県内では富岡町と楢葉町の境にある既存の産廃処分場を国有化することで対応している。

地元と国との約束により、搬入開始から三〇年後には県外の最終処分場に搬出されることになっているので、中間貯蔵施設は二〇四五年三月一二日に閉鎖される。ただし、最終処分場は決まっていないし、決めようともされていないので、国が約束を果たすかどうかは予断を許さない。

誤解されがちだが、この中間貯蔵施設には福島第一原発由来の高レベルの放射性廃棄物が運ばれているわけではない。高レベルの放射性廃棄物についても、中間貯蔵とか最終処分という用語が使われ、たとえば北海道で誘致されるというのはそのことだが、ここはそういう施設ではない。とはいえ、もちろん放射能リスクは伴う。

写真1-6　中間貯蔵施設敷地内にうずたかく積まれるフレコンバッグ（除染によって発生した汚染土などが入っている）

被災地住民がより強くリスクに感じているのは廃炉問題である。事故から一〇年を経るが、今はまだ汚染水の回収など、事故処理作業が主であり、具体的な廃炉作業が進んでいるわけではない。一号機から三号機までは、今でも使用済み核燃料が原子炉建屋内のプールに入ったまま保管されており、取り出しが完了するめどはたっていない。

もちろん、メルトダウン（メルトスルー）した末の核燃料デブリ（冷えて固まった核燃料など）は、立ち入ることができない原子炉の周囲にそのままで存在し、どこにあるのかさえも推測でしかわからない。仮に取り出しに成功したところで無害化はできず、保管する場所も決まっていないので、原発構内に置かれたままになるかもしれない。そもそも現時点では法的に廃炉の定義がなく、こうした過程の途中で「廃炉は完了した」として放置されてしまう可能性すらある。

†汚染水・イノベ（福島イノベーション・コースト構想）・伝承館

福島第一原発に由来する汚染水の海洋放出が正念場を迎えている。原子炉圧力容器やその外側の原子炉格納容器をも溶解させたと推測される核燃料デブリがある限り、それを冷却し続けるために発生する汚染水は現在の福島第一原発にとって不可避の存在である。この瞬間も日々発生している。

地下水や海水と交じり合う汚染水は汲み上げられて次々と敷地内のタンクに収納されている。現在はこれをＡＬＰＳ（多核種除去装置）に通して保管しているがそれも限界に達するとし、国は海洋放出を目指している。放射性物質の中でもトリチウムはＡＬＰＳでも取り除くことができない。もちろん、ＡＬＰＳのフィルター等は新たに凝縮された放射性廃棄物となる。

トリチウムはセシウムに比較すると危険性は少なく、通常の原発運転でも放出されていると国はいう。ただし今回は事故によって生じたものなので、より危険な他の核種も大量に含まれていた汚染水である。だからこそ事故後にALPSを導入したのだが、ALPSでも他の核種を必ずしも完璧に取り除けるわけではない。国のいう安全基準は濃度であり、排出される絶対量とは関わりなく分母となる水量に左右される。しかも廃炉の見込みが立たない以上、今後もきわめて長期間にわたって海洋放出を続けざるをえず、環境への負荷というリスクは通常運転の場合とは比較にならない。

空間としての地域再建策として福島県と経済産業省が進めてきたプランを一括して、イノベ（福島イノベーション・コースト構想）と呼ぶ。パンフレットには全部で六〇カ所の施設が紹介されているが、この中には道の駅とかイオンモールなどが含まれている。

本来目的は、廃炉、ロボット、ドローン、エネルギー、環境、リサイクル、農林水産業、医療関連、航空宇宙の各分野の産業集積、人材育成などの基盤整備とされる。目新しい言葉も並ぶが、本質的には「誘致」による地域振興策であり、構造的には原発誘致と変わらない。つまり国の資金を外部注入する施策がほとんどで、経済的にも人材的にも地域循環する構造になっていないので持続可能性に欠ける。

主だったイノベ関連施設は、福島県庁の采配で被災地の市町村に割り振られた。たとえば大熊町には、JAEA（日本原子力研究開発機構）大熊分析・研究センターとネクサスファームおおくま（一〇〇パーセント大熊町出資のイチゴ栽培施設）などが開設されている。浪江町には浪江・小高原発に予定されていた敷地に、福島ロボットテストフィールドというドローン用の飛行場や福島水素エネルギー研究フィールド（水素製造施設）などが設けられている。

イノベの一環として二〇二〇年九月に双葉町に完成したのが伝承館（東日本大震災・原子力災害伝承館）である。実は私はこの施設の資料選定委員会委員に委嘱され、手続きも全て完了していたのに、県庁幹部の一言で「委嘱取消」を受けた経験がある（『政経東北』二〇一九年一月号）。

写真1-7　津波による残骸が残る中で伝承館と隣接の双葉町産業交流センターという集客施設の工事が進められていた（2020年3月）

ただこの時点ではすでにこの施設の青写真は確定していた。施設計画を構想した有識者委員にはＪＴＢの方が含まれているように、そもそもこの施設は出発時点から観光集客施設を目指していたと思われる。

もしアーカイブズ施設として構想されたのであれば、まずはアーカイブズの活動から始めなくてはならないはずである。その結果として展示内容が決まり、施設概要が構想されなければならない。アーカイブズというのはかなりの専門性が求められるが、最初から順序が逆転していた。

結果として完成した伝承館の展示に対しては、被害と復興の強調に偏り、事故の教訓や反省が見られないという意見も伝えられている。地元の人たちにお願いした語り部に対しても、あらかじめ認められたシナリオに従って話すことが求められ、発言が規制されているという報道もあった。

伝承館が立地するエリアは事故前までは豊かな水田と散在する集落があり、双葉町で育った人であれば誰でも必ず思い出のある海水浴場があった。津波で壊滅的な打撃を受けた後、原発事故により避難指示解除準備区域に指定され、立ち入りが禁じられた。二〇二〇年三月四日に避難指示が解除されたが、住民はこの地に住むことができない。すでに多くの土地が中間貯蔵施設や伝承館、さらには産業団地用地として買収または貸借されている。

被災地自治体のほとんどで震災記録誌が編集され公刊されている。それぞれに住民の声や災害の経過が詳述されていて、アーカイブズとしても貴重な資料になっている。残念ながら市販されているものはなく、一般の人が入手することは難しいが、ネット上に公開されているものもある。また、現在、富岡町や大熊町でもアーカイブズ施設の計画があり、原発災害の記録と検証という役割が期待されている。

第二章
大熊町で起きたこと、起きていること
石田 仁

大熊町内のダチョウ園から逃げ出し、無人の町をさまようダチョウ(2013年)。

石田 仁（いしだ・じん）
大熊町前副町長。原発事故時は農業委員会事務局長。その後、生活環境課長、環境対策課長を経て、二〇一五年一月から二〇二〇年一〇月まで副町長。現在、社会福祉法人おおくま福寿会理事長。

1 伝えたいこと——検証のための記録を残しておきたい

†自治体職員にとっていちばん辛いこと

何よりも町民の避難生活を見てもらいたい。二〇一八年に避難先で孤独死が二件あった。一人は生活保護の対象になるほど厳しい生活だったのに、その申請をしないで、アパートの電気や水道が止められていた。もう一人は貯金もあったのに、通院もしないで亡くなっていた。そういう現実に立ち会うときが、我々自治体職員にとってはいちばん辛い。

自分を支えるものを失った人の支援は役場でも難しい。事故前なら、コミュニティの中で誰か一人や二人は状態がおかしくなっても、みんなで見守ることができた。だが、避難先ではそれができない。被災者の状況がよく見えないし、支援がうまくかみ合わない。

震災から三〜四年くらいは取材や調査で町民の避難生活について聞かれることがあったが、今は少ない。マスコミからもう読者は震災の記事に飽きているといわれた。

この震災と原子力災害の複合災害は人類初の経験であり、我々としては後世に記録として残しておかなければならないと思っている。記録に残さないと、国や県、東電が、発災時になぜ事故対応ができなかったのか、被害はどうなっているのかがわからなくなる。「声なくば被害なし、記録なければ事実なし」といわれる。新潟県は隣県であっても原発事故の検証を続けているのに、どうして被災県の福島県は、県民がこんな目にあっているのにもかかわらず検証をやらないのかがわからない。

たとえば、双葉病院の件（大熊町にあった双葉病院の入院患者や医師、看護師などの救出が遅れて多数の犠牲者が出た）でも、三月一二日の午前中には町職員が自衛隊を案内し、警察も連れていき、双葉広域消防（双葉地方広域市町村圏組合消防本部）も行った。みんな一生懸命やっていたのに、それでいてなぜあんな悲惨なことが起きたのかということを検証する必要がある。

裁判で一部明らかになったものもあったが、みんなが「やっただろう」「伝えてあるはずだろう」となってしまい、確認をしっかりしなかった。私は双葉病院からバスが出て行

写真 2-1　津波に襲われた大熊町熊川地区（2011 年 3 月 11 日）

写真 2-2　双葉病院の敷地内に放置されたベッド（2011 年 11 月 16 日、毎日新聞社）

くのを見て、それでよかったなと思って安心していたら、ドカンと最初の水素爆発が起き（三月一二日一五時三六分）、私も含む役場居残り組全員が、爆発で動転しながら避難してしまったので、その後が確認できなかった。

　震災の対応にあたった関係者は、震災時に起きた本当の話はあと一〇年は出ないだろうといっていた。それぞれが精一杯に活動していたとしても、情報の錯綜や資機材の不足など多くの困難が重なり、片方から聞くとこうだが、もう一方から聞くとこうだったということがある。そういう話をまとめて検証しなければならないと思っている。

　大熊町では二〇一七年三月に『大熊町震災記録誌』を出した。大手新聞社を退職し、大熊町に社会人枠で志願してくれた担当者が関係者に話を聞きながら、検証し、まとめてくれた労作だ。その担当者は原発事故の後に採用されたので、予断無く多くの町民から話を聞いてくれた。だからこそ、たくさんの事実を知り得ることができた。深く感謝したい。

地震や津波による直接死よりも、原子力災害による震災関連死が非常に多い。避難は今でも続いており、原子力緊急事態宣言も解除されていない。同じような悲劇が二度と繰り返されないように、国や県でもさらに大きな視点で、複雑に絡んだ事象を解きほぐすための検証をするべきではないか。

その素材としても我々は記録を残すことを続けなければならない。それが、亡くなった方や子や孫に対する、この災害を経験した者の責任だと思っている。

†二〇一一年三月一一日一四時四六分――地震の三連動

地震が起きたときは庁舎の一階にある農業委員会の事務所にいた。当時は農業委員会の事務局長だった。震度六弱の揺れがあり、その後、震度六強、震度五弱と三連動で約三分間、揺れが続いた。来客カウンター前の天井から石膏ボードが落下し、後ろの書庫が倒れた。

最初は机の上のパソコンのディスプレーを押さえていたが、揺れが大きくなり、机と椅子の間に座り込んでしまった。揺れがおさまって庁舎の外に出ると、職員が避難して集ま

	18時25分	国、20km圏内避難指示（都路地区再避難）
3月14日	11時01分	福島第一原発3号機水素爆発
3月15日	6時14分	福島第一原発4号機水素爆発
4月3日	会津地方へ二次避難（バス47台、1,157人）	
4月4日	会津地方へ二次避難（バス44台、1,018人）	
4月5日	町役場会津若松出張所開所、コールセンター設置	
4月16日	会津若松市で町立幼稚園、小中学校入学式	
4月22日	国、警戒区域設定	
6月3日	第1回大熊町復興構想検討委員会開催	
6月21日	仮設住宅入居開始	
10月11日	いわき市に町役場いわき連絡事務所開設	

2012年

12月10日	避難指示区域再編（帰還困難、居住制限、避難指示解除準備の3区域）

2013年

12月14日	国、中間貯蔵施設建設、正式要請

2014年

8月30日	県、中間貯蔵施設建設、受入表明
12月16日	中間貯蔵施設建設、受入表明

2015年

3月13日	中間貯蔵施設（保管場）へ除染廃棄物の搬入開始
3月31日	東電、給食センター供用開始

2016年

4月1日	大川原地区に町役場大川原連絡事務所開設

2017年

11月10日	国、特定復興再生拠点区域復興再生計画認定

2019年

4月10日	大川原・中屋敷地区避難指示解除
5月7日	大熊町新庁舎で執務開始（会津若松市から移転）
6月1日	第1期災害公営住宅（大川原）入居開始

2020年

3月5日	大野駅駅舎及び周辺道路避難指示解除

■大熊町のあらまし

大熊町人口（住民登録）、世帯数

	人口	世帯数
2011年3月11日現在	11,505	4,235
2020年11月30日現在	10,273	3,887
増減	△1,232	△348

町内居住者数（住民登録）　281人（2020年12月1日現在）
《参考》町内居住推計人口　862人（2020年12月1日現在）

福島県内居住・避難者数　7,876人（2020年12月1日現在）
・浜通り地方5,420人（いわき市4,608人、南相馬市273人等）
・中通り地方1,752人（郡山市1,053人、福島市197人等）
・会津地方704人（会津若松市606人等）

福島県外居住・避難者数　2,398人（2020年12月1日現在）
・茨城県468人、埼玉県360人、東京都249人等

■大熊町震災関連年表

2011年

3月11日	14時46分	地震発生
	14時49分	大津波警報発令
	15時00分	2階ロビーに災害対策本部設置
	15時27分	津波第一波到達
	15時42分	東電、福島第一原発10条通報
	16時36分	東電、福島第一原発15条通報の報告
	19時03分	国、福島第一原発原子力緊急事態宣言
	21時23分	国、3km圏内避難指示、10km圏内屋内待避指示
3月12日	未明	3km圏内避難完了
	5時44分	国、10km圏内避難指示
	6時09分	防災無線と広報車で全町民への避難指示を広報
	14時ころ	各地区の集合場所からバスで町外に避難ほぼ完了
	15時36分	福島第一原発1号機水素爆発
	16時30分	災害対策本部、田村市総合体育館に移動

写真2-3　地震直後の大熊町役場内（2011年3月11日）

写真2-4　地震直後の大熊町役場内（2011年3月11日）

ってきた。地鳴りを伴う余震がひっきりなしに起きていたが、大津波警報の発令で防災担当職員が二班に分かれ、沿岸部の住民への避難誘導に出動していった。

農業委員会事務局は男性職員一人と女性臨時職員一人と私の三人体制だった。地域防災計画により、災害時には産業部に割り当てられ、産業課とともに活動することになっていたので、二人を産業課に合流させて、私は災対本部（大熊町災害対策本部）の立ち上げのために生活環境課へ向かった。

一五時前に町長が帰庁し、災対本部が立ち上がった。本来であれば災対本部は正庁（式典などを行ういちばん広い集会室）に設置されることになっていたが、たまたまあの時期は正庁が確定申告で使われていたので、庁舎の二階のロビーで災対本部を開いた。

災対本部の所管は生活環境課だが、私はその前年まで一九八九年から二一年間も生活環境課の職員だったので、災対本部の補助に入った。生活環境課は職員が七人しかいない。海岸付近の住民の津波避難誘導に四人が出動していたので三人しか残っていなかった。町や消防団の防災無線が町内の被害を伝えていた。

私はまず下水道関係者の安否確認をすることになった。電話が通じなかったので、直接、第一処理場（大熊町地域下水道第一処理場）へ行って、委託業者に全員が無事かを確認してくれと頼んで役場に戻ってきた。

福島第一原発と役場を繋ぐホットラインは企画調整課にあり、震災前にデジタル回線に変えたばかりだったが、地震で断線したようで通じなかった。ただ、福島第二原発を経由して、福島第一原発の原子炉がスクラム（緊急停止）したという連絡は入った。

もしかしたら、制御棒（原子炉内で核分裂を制御するための装置）が入らないかもしれないと心配していたが、緊急停止したのであれば、後は冷やして閉じ込めるだけだねと担当課長と話したのを覚えている。だから、その時点では地震津波対応に専念できると思っていた。

県の防災無線電話は使えないし、電話もなかなか通じないので、津波による原発の被害状況は把握できていなかった。また、オフサイトセンターとのテレビ会議システムは正庁にあったのでセットできなかった。原子力防災訓練では委託業者がセットして運用していたので、そもそも職員だけではセットできなかったかもしれない。当時、オフサイトセンターは自家発電が破損し、電気が供給できなかったから、たとえセットできたとしてもテレビ会議システムは結果として使えなかった。

一六時過ぎには続々と津波被害の報告が入り始め、夫沢地区ではおじいさんと孫が、県の栽培漁業センターでは避難中の車が津波に飲まれたという目撃者からの通報があった。熊川地区では川辺の竹林から助けを求める声がしているが、津波が来るので探せないとの報告があった。

熊川地区の集会所はハザードマップで津波避難所になっていたので、住民が避難して集まっていた。一五時二〇分過ぎに黒い壁のような大津波が見えたので、一斉にその場から高台方面に避難し、一命を取りとめた。食事時や夜間ではなかったことが犠牲者を少なくしたのだろう。

地震による家屋の倒壊は空き家の一軒だけだったが、地割れやマンホールの浮上などで、道路の通行止め箇所が無数にあり、建設課は通行止めや迂回路の確保、交通誘導にあたっていた。後日、町内では津波倒壊家屋が約七〇棟、津波の死者が一〇名、地震による落下物による死亡が一名と判明した。

日が暮れると海の状況が見えなくなるので、一六時過ぎに国道六号線より東側（海側）の低地の地区に対して総合スポーツセンターへの避難指示を出した。

†三月一一日一七時頃──「念のため」

一七時頃になって原発の話が出てきた。私は、こんな大規模な地震に耐えられるだけの強度が原発にあるとは思っていなかったから、スクラムがかかったのだろうかと心配していた。二〇〇七年七月の新潟県中越沖地震でも柏崎刈羽《かしわざきかりわ》原発が被害を受けていたが、それよりも福島第一原発は古いので、大丈夫かなと思っていた。

だから、発災直後にスクラムがかかったということを聞いて、私はものすごく安心した。あとは冷やすだけだし、大丈夫だろうと思っていた。一七時頃に原発の異常を知らせる一〇条通報を聞き（福島第一原発が通報を出したのは一五時四二分）、さらに一五条通報（同一六時三六分）も聞いたが、その時も、「念のため」というようなコメントがついていた（福島第一原発からの報告には「原子炉水位の監視ができないことから注水状況が分からないため、念のために原災法一五条に該当すると判断しました」とある）。

原子力防災訓練では、一〇条通報が出ると国もしくはオフサイトセンターから指示があるがそれも全然来ないし、一五条通報だったらすぐに原子力緊急事態宣言が出るはずだがその連絡もこない。事前の決まりにしたがって、企画調整課の職員が連絡員としてオフサイトセンターに行ったが、オフサイトセンターは停電で誰もいなかった。その時はまだオフサイトセンター職員が原発に行ったままで、施設も非常発電装置が壊れて使えず、関係者は隣接する県の原子力センターにいたらしい（福島民報社編集局〔二〇一三〕によれば、オフサイトセンターの立ち上げのために福島第一原発から向かった原子力安全・保安院職員がオフサイトセンターに到着したのは一五時半頃で、室内灯のスイッチを押しても反応がなかったとされている）。

一〇条通報や一五条通報は福島第一原発からのファクスでわかった。ただそのファクスは一七時前から動き出した。それまでは全然動かない。庁舎には自家発電（非常発電装置）があって電気は使えたので、その時ファクスが動かなかったのは電気のせいではない。通信回線の問題か、なんらかの原因だろう。

ファクスが動き始めてそれまで溜まっていた文書が続々と出てきた。つまり一〇条通報とか一五条通報というのはリアルタイムでわかっていたわけではない。訓練では必ず東電から「ファクスを送りました」とか「確認してください」という電話が入るが、それもなかった。

悪いことに福島第一原発からのファクスは地震の情報に紛れてしまったものもあった。地震の情報ばかりがダーっと大量に出てくる。その合間に、ポツっと原発の情報が入っていたりするので、後日、「ここにもあった」というのも何枚かあった。

送った、いや来ていないという話はそこにも原因がある。遅れながらも確かにファクスが来ていたことは間違いない。しかし、避難所で地震や津波の避難者を受け入れたり、災害被害調査に人手をとられていて、その時点では気が付かなかったものが多くある。

一六時頃から町内のいろいろな情報は入ってくるが、県の災害対策本部からは何の連絡もない。ファクスで入る地震の情報と東電からの情報と、あとは役場のテレビが情報源だった。その頃テレビでは津波のことばかりで、原発の話はなかったように思う。

夕方一八時頃、避難所から停電・断水し、さらに炊き出し用の米と水がないという連絡があった。そこで、米を探しに行ったが見つからず役場に戻ってきた。

†三月一一日一九時頃——避難指示「ああ、ようやく出たね」

一五条通報が出ているのに何も連絡がないのはなぜだろうと思っていた。一五条通報を聞いてから二時間ほど過ぎて、ようやく一九時過ぎに枝野幸男官房長官が記者会見をした。原子力緊急事態だが、特別な行動は必要ありませんといっているし、こっちは原発にはスクラムがかかったと聞いているので安心していた。そういう情報を中途半端のままに放置していたことがいちばん悪かった（首相が出した原子力緊急事態宣言には「対象区域内の居住者、滞在者は現時点では直ちに特別な行動を起こす必要はありません」とある）。

前に福島第一原発で非常電源が水没したことがあるから、その時に改修されて、津波が来ても水没しないように対応しているだろうと思っていた。五〜六号機は対応できていたが、一〜四号機はそのままだった。その時、そういうことがわからなかった。

私も組合活動で、三〇歳代くらいまでは反原発の運動に加わっていたが、周りの住民や親類には東電や協力企業で働いている人が多かった。四〇歳くらいになってくると、そういう人たちに原発のことを話しても浮いてしまい、話が合わなくなってしまっていた。それだけ原発は地域住民を巻き込み、さらに運転実績も重ねてきているから多勢に無勢というか、軋轢《あつれき》を避けるために原発の話はしなくなった。

一〇条通報や一五条通報が出れば、オフサイトセンターに集まれとか国から何らかの指示が出てくる。それで我々は動くことになる。逆にいうと何の指示も来なかったので動けなかった。津波であれば避難指示は自分たちでも出せるが、我々には原発状況の情報がわからないので原子力事故の避難指示などは自分たちだけでは判断できない。

ベント（原子炉格納容器の中の圧力が高くなり、爆発を防ぐため、放射性物質を含む気体の一部を外部に排出させて圧力を下げる緊急措置）開始の連絡もなかった。ベントするときには必ず町内に防災無線を鳴らすので作業が始まったらいってくれと、二〇時頃役場に来た東電の連絡員にはいっておいたが、いつになっても連絡は来ない。

だから原子力緊急事態宣言が出ても、発電所がそんなに深刻な状況だとはまだ思っていなかった。しかし、我々のように役場庁舎にいた職員と避難所にいた職員の情報には差があった。後で聞いたら、スポーツセンターで避難所運営をしていた職員は、東電の協力会社の作業員たちがもうヤバいからみんな逃げなくてはいけないいんじゃないかというのを聞いていた。

なぜ、そんなに重要な情報を災対本部に報告しなかったのかとその職員に聞いたら、当然そういう情報は役場には入っていると思っていたので報告するまでもないと思っていたとのことだった。だから避難所の職員が先に原発への危機感を持っていた。そもそも今までの原子力防災訓練では、今回の事故のように発電所の外に大量に放射能が出るということを想定していなかったので、そこまで考えが及ばなかった。

二一時前に県が独自に二キロ圏内の避難指示を出したと後で知ったが、町では誰も聞いていない。ただ実は、東電の連絡員から、二一時頃には三キロ圏内の避難指示が出ますからという情報は入っていた。そうしているうちにテレビで三キロ圏内の避難指示、一〇キロ圏内の屋内退避をいっていたから、「ああ、ようやく出たね」という話になった。

国道より東側（海側）の低地で、津波が来るようなところはすでに津波の避難指示を出していたから、たとえ三キロ圏内の避難指示が出ても、残っている一部の高台の人たちだけを避難誘導するだけだった。消防団とかと手分けをして、個別に家々を回って避難を誘導した。「なぜ避難しなくてはいけないのか」といっていた住民もいたが、国からの指示だといって、まずはスポーツセンターへ避難させ、スポーツセンターがいっぱいになったら大熊中学校に避難させた。

消防団は、その避難誘導が終わったあと、明朝五時から津波の行方不明者の捜索を開始するということでいったん引き揚げた。津波警報が継続しているので、暗いうちには捜索ができなかった。

「サンライトおおくま」という高齢者施設の入居者は保健センターに避難させた。保健センターには畳の部屋があったので横にもなれるし、寒さ対策もできるという理由だった。私は二二時過ぎに保健センターへ行って避難所の設営をした。総合体育館から発電機を運び、ジェットヒーターや石油ストーブを集めてセットし、避難者の到着後、午前〇時過ぎに災対本部に戻った。

一一日の夜は続く余震と住民対応でみんな徹夜だった。翌朝六時頃、原発から一〇キロ圏内の避難指示になって、町民を集めて送り出し終わる一二日の一五時頃まで、次々にやることが出てきて休めなかった。

発災後子どもと一週間以上会えなかった女性職員もいた。ああいう場合には、まず職員が安心できるように情報の確認をとってから仕事に就かせないとまずいなと後で思ったが、その時は事故対応がこんなに長くなるとは思っていなかった。

一二日の午前一時頃、東電の武藤副社長が来て、役場で記者会見をしたが、発電所で緊急事態に対応しているという話だった。また、午前三時前に双葉警察署から、屋内退避と車中泊の車に対してベンチレーター（換気装置）を室内循環に変えて外気を取り込まないように防災無線で広報するようにとの指示があった。いよいよベントかと思って風向きを見るため屋外の木々の揺れを見ていた。その時点での放射性物質の拡散風向は海岸線に沿って南方向と思われた。

2　原発避難開始から三春へ

†三月一二日朝――「大丈夫、大丈夫」⁉

役場には一一日の二〇時頃から東電の連絡員がきていた。連絡員は発電所と携帯でやりとりをしていたが、彼らはほとんど情報をこちらに持ってこない。聞いても答えない。だから役場の自家発電で動いているテレビを必死になって見て、そこから情報を拾っていた。

東電の連絡員は、一二日の朝五時すぎに、発電所がおかしいから町民に避難するようにいってくださいというくらいで、その他は、はっきりとしたことをいわない。

あの時、東電の連絡員に何回も「ベントするのか、どうなんだ」と聞いた。今やってますけど、ベントのフィルターの電源がどうのこうの、弁がどうのこうのというだけだった。役場の担当職員から、連絡員は技術屋ではないから聞かれたってわからないといわれていたが、東電の職員で原発にいるのにそのくらいのことがわからないようならよっぽどバカだぞと後で東電関係者からいわれた。

一二日の朝には原子力センターのモニタリング数値が上がっていたということもあとになってわかった。放射能が漏れているという話だけはしてほしかった。その辺がいちばん悔しい。それがわかっていれば町民にマスクをさせるとか、安定ヨウ素剤（甲状腺に放射性ヨウ素が取り込まれないように事前に飲む錠剤）を飲ませるとか、その時、住民を守る方法があった。

正確な情報があれば、ある程度、的確な対応ができる。ファクスで入ってくる福島第一原発の各号機のデータを見ながら、「なんだ、これ。減るものが減らないし、耐圧基準の倍の圧力があってもドカンとぶっ壊れているわけじゃないし、なんなんだ、これは」と思うから、東電の連絡員に聞く。でも聞いても何もわからなかった。

一二日の朝から自衛隊の人たちはみんな防護服だった。警察もタイベック（衣服への放射性粉塵の付着を防ぐ防護服。放射線自体を遮断する機能はない）を着て歩いていた。しかし町では情報を捉えていなかった。原発の構内で放射線量が上がっているとは誰からもいわれなかった。だから我々はマスクもしないで普通の格好で町民の避難誘導をしていた。朝になってオフサイトセンターの自家発電が復旧して、町の連絡員が情報を運んできたが、担当課長が見落としたのか、災害本部にいた私は放射線量の情報を聞いていない。

町としても不手際はあった。放射線量の測定器もあったのに、地震で保管ロッカーが倒れてその周囲の棚も倒れ、すぐに取り出せなかった。そもそもそれを使用するモニタリング担当者が建設課職員で、地震の被害調査や応急復旧などで忙しかった。原発で事故があって放射能が漏れだしているかもしれないという認識がその時にはなかった。

原子力防災訓練はやっていたが、複合災害は想定しておらず、まして原発は大丈夫だ、安全だと教え込まれており、このような地震・津波と原発という複合災害に対してどう行動するかは考えていなかった。本来ならオフサイトセンターでモニタリング班に入って、原発周辺の放射線量を測ったりする役割があったが、地震や津波で避難誘導や被害調査などに追われてやっている暇がなかった。

一二日の午前五時半頃に福島県警ではなく応援の他県警のパトカーが、津波の避難所のスポーツセンターに来て、川内村に避難しろと誘導しているという情報が入ってきた。災

■大熊町の防災行政無線放送（原発避難関連の一部）

○3月11日17時21分

・福島第一原子力発電所よりお知らせいたします。本日午後発生しました地震により運転中であった1号機～3号機は緊急自動停止いたしました。また、4号機～6号機は定期検査のため停止しております。現在のところ放射性物質による外部への影響はありません。発電所敷地周辺の放射線の状況は通常と変わらないことを確認しておりますが、引き続き測定を実施中です。

○3月11日18時3分

・現在のところ放射性物質による外部への影響はありませんが、念のため夫沢1区、2区、3区、小入野地区の住民の皆さんは大熊中学校への移動をお願いいたします。

○3月12日3時41分

・避難所で待機している大熊町役場職員に連絡いたします。念のため、避難所の窓をすべて閉めてください。トイレなどのドアも忘れずに閉めてください。また、避難所の外で車の中で待機している人は、エアコンを外気ではなく内気循環にしてください。

○3月12日5時36分

・生活環境課よりお知らせいたします。各地区消防団団員及び婦人消防隊員は役場前広場へ集合してください。

○3月12日6時9分

・全住民にお知らせいたします。避難指示が出されましたので、全住民がバスでの移動になりますので、現在避難している方はその場に待機してください。現在自宅などで避難している方は、最寄りの集会所へ集合してください。速やかに移動することができるよう、皆さん一人一人の落ち着いた行動をお願いいたします。

『大熊町震災記録誌』より

対本部をやっていた二階のロビーでは、デマではないか、そんなのあるわけないだろう、こっちには何の指示も情報もないのに、なにそれ？　という感じだった。

それで、たまたま双葉警察署の大熊駐在所の警察官がいたので、署に確認してくれといったら、原発から一〇キロ圏内の避難指示が出ているという。それから、その時の生活環境課長補佐にも県庁に電話をさせたら、たまたま通じて、やはり一〇キロ圏内の避難指示が出ていると聞いた。それならすぐに避難させなければならないとなり、防災行政無線で避難集合場所に町民を集めるようにと職員に指示をした。

一〇キロ圏内だと全町避難みたいなものだ。正確にいえば中屋敷地区は一〇キロ以上離れていたから、一部のエリアは除かれるが、ほとんど全町避難と同じだ。中屋敷地区は電気も来ていたし普通の生活ができる状況だったが、その後やはりいっしょに避難させなければならないとなって、文字通りの全町避難になった。

その直前の朝五時半頃、県の原子力安全対策課長が来て「大丈夫、大丈夫」といっていた。だから一〇キロ圏内の避難指示が出ていると聞いてからは、「なんだ、あいつの話は?」となった。原子力安全対策課長というのは、県庁の中で一番初めに原発情報が入るポストなのに、何も知らなかったようだ。実は彼は県庁からこちらに来たのではなく、東京出張の帰りに震災にあい、途中の白河から県の地域振興局の車で来たとのことだった。そういうことはこっちは知らないから、あいつは何をいっているのかと思った(福島民報社編集局〔二〇一三〕によれば、原子力安全対策課長は地震で動かなくなった新幹線車中に閉じ込められ、地震発生から約五時間後の二〇時頃特別に下車を許されて、線路沿いを新白河駅まで三キロほど歩き、県の出先機関で車を借りて自ら運転しながら現地に向かったという)。

†三月一二日朝――「なんだべ、今頃よこしたって」

防災行政無線で町内に一〇キロ圏内の避難指示の放送をした。避難できる人はどんどん個別に避難するというわけではなくて、この行政区はここという集合場所が原子力防災訓練で決まっている。だから、それぞれの集合場所に集まるようにと放送した。個別で行くと交通渋滞も起きるので、そこにバスが来るまで待ってからの避難になる。

避難が始まると、役場の後ろにある第二体育館の避難者や双葉病院の入院者、周囲の住民が集まりだした。本来は屋内に退避していなくてはならないはずなのだが、余震が続いていたこともあって、避難用のバスが来るまで屋外で話しながら待っていた。放射線量が上がってきていたことは知らされていなかった。

午前七時過ぎには双葉病院の職員が避難用にストレッチャー一〇〇台を用意してくれと災対本部に要請しに来た。震災で救急出動もままならないなかでは用意できるはずがないので、無理だと告げて帰ってもらった。

避難に使用したバスは前日に国から送られてきたものと、町の中にあったスクールバスなどを使った。バスの誘導は主要な交差点ごとに職員を立てたので、その職員が誘導した。その時は防災無線電話が通じたので、消防団にはそれで誘導させた。原発に近い行政区の避難所から順番にバスへ乗せた。

国からの連絡ではバスは七〇台がきて（『大熊町震災記録誌』では約五〇台となっている）、それをそれぞれの避難所に向かわせた。前の日の一一日二一時半頃、三キロ圏内の避難指示と前後して、国土交通省からバスを七〇台くらい送るので双葉町と分けてくださいと連絡があった。だから我々は三キロ圏内の避難のためのバスだと思っていた。しかし三キロ圏内はほとんど津波の避難で終了している。

原子力防災訓練では避難させるときはバスを使うということになっている。七〇台といっても、大熊町と双葉町の二つで割ると三五台で、四〇人乗せるとしても一四〇〇人くらいの規模だなと思っていた。

その時、双葉町役場にも電話をかけたが、すでに原発の近くは避難させているし要らないといわれた。企画調整課長が双葉町に「なんだべ、今頃よこしたって」と話していた。「もう避難も済んでいるから、バスが来たら明日の朝、帰すしかないな」といっていた。

ただしあの時、双葉町の方に行こうと思っても、バスは行けなかったかもしれない。国道六号線の長者原で橋は落ちているし、双葉町前田ではJRの鉄橋が落ちているところもあって、背の高いバスはたぶん通れなかったと思う。実際にバスは夜中の三時（一二日）くらいには着いていたようだ。スポーツセンターとか原子力センターの前に停めてもらった。

国土交通省からバスを送るという連絡がどういう経緯で来たのか、自分にはわからない。とにかく茨城交通のバスが福島に向かうようにいわれてきたということだけしか知らない。茨城交通の後に会津交通も来たらしいが、そのことを知ったのは、その後、四月に会津若松へ避難してからだ。

バスによるピストン輸送の避難でも、町民は二、三日で帰れると思っていたからわりと秩序だった行動だった。そもそもこんなに長期になるとは誰も思っていない。水素爆発でドカンとなるまでは、私もそう思っていた。だから、最後のバスが避難したとき、ベントをしないうちに避難が済んでよかったなと思った。

後で「バスに職員を乗せもしないで」と町民に怒られたが、全部のバスには乗せようがない。一台ごとに職員を乗せていったら職員がみんないなくなってしまう。だからあとはバスの運転手に任せた。「西に行ってください」としか指示はしなかった。とにかく西に行けば向こうで誘導するはずだからと。

ところが、時間が経過するのにともなって、バスを送り出しても、行った先の避難所がいっぱいになり、どんどん遠くまで行かざるを得なくなる。ここはだめだからあっちに行ってくれというたらい回しみたいになってなかなか避難所が見つからず、長い間バスから降りられなかったという話だった。大熊町だけではなくて近隣の町村がみんな避難しているので、避難の車で道路が埋まってくる。ピストン輸送もだんだん戻りが遅くなってくる。一部の行政区は、もう待っていられないからといって自家用車で避難することになった。

実際、バスに何人乗って、自分の車で避難したのは何人ということはわからない。なぜわからないかというと、個人的に自分の車で避難した人たちは東電や協力会社の社員の家族たちが多くて、彼らはメールなどで原発事故の連絡を受け、すぐに避難したようだ。また、町内の避難所にいた人も、連絡を受けて一人抜け二人抜けしていなくなっていったという話だった。しかしそういうことは当時、役場の中にいた我々にはわからなかった。

写真2-5　大熊町役場前で避難用のバスを待つ町民、このときすでに放射線量が高くなっていた可能性がある（2011年3月12日）

写真2-6　田村市内の避難所（デンソー東日本〔現・デンソー福島〕）（2011年3月15日）

避難先は隣の田村市ばかりではなく、三春町《みはるまち》、小野町、郡山市まで広がって、バスに乗った町民が避難所に移動し終えたのは一三日の未明だった。その間に水素爆発があり、今度はスクリーニング（体表面の放射能汚染を計測し、汚染のない人には証明書を発行して、汚染されている人は洗浄や着替えをさせること）を受けないと避難所に入れなくなり、避難所到着が深夜になった。

三月一二日一五時三六分——原発の爆発音「やったー」

一四時くらいに最後のバスを送り出し終えて、ほっとして休んでいたら、総務課長から、発電所がおかしいから役場に残っている人も急いで避難する準備をしてくれといわれた。それで避難するために役場の自家発電機を止めたり、庁舎を締める準備をしていたら、今度は自衛隊が注水用の真水が欲しいといって一トンくらいの給水車を持ってきた。自衛隊の給水車が役場の貯水槽からホースを延ばして給水をしていった。

結局、総務課長が役場の鍵を閉め終えたのが一五時半頃。その時役場には一〇人くらい残っていた。それ以外の役場職員は先に避難バスに乗って、避難先で避難所を開設したりしていた。

役所を閉めるときには、すぐに帰ってくると思っていたからほとんど何も持ち出しはしていない（後述するように安定ヨウ素剤は持ち出していた）。原発が危ないことは、たぶん総務課長でもそれほどの情報が入っていなかったと思う。なぜなら直前まで役場に残って、人のいなくなった町に知らずに来た人の対応をしようとしていたからだ。

役場から避難するときになって、東電の連絡員がファイルで鼻と口を隠しながら外に出てきたので、こいつら放射能汚染を隠していたなとハッと気づいた。普通、わざわざそんなことをする人はいない。東電の連絡員は役場の周辺で放射線量が上がっていたことも、自分の発電所がどんな状況になっているのかもわかっていたのではないか。後で、一一日の夜には福島第一原発敷地内で放射線量が高くなり、免震重要棟で大騒ぎをしていたと聞いた。

自分たちも避難しようと車に乗った直後に原発の爆発音が聞こえた。私は難聴気味だから、爆発音はパーンという音に聞こえたが、他の人たちは重い音だったという。一人の職員が原発の方を振り向いて「やったー」といったから「あー釜（原子炉格納容器）が吹っ飛んだ」と思って自分も振り向いた。大野駅東側の小高い丘の松林から少し赤みがかった灰色の煙が広がったのを見て、ああっ、嫌な予感があたったなと思った。

原子炉の圧力が高いというデータはファクスで来ていたが、圧力が上がって耐圧基準の倍くらいになっているというのに、原子炉がぶっ飛びもしないでその数字が続いたりするのはおかしい。あとになって、それは配管の間から漏れていたとか、バルブの間から漏れていたといわれるが、その頃東電の連絡員はそんなことをいわない。だから、私らも爆発

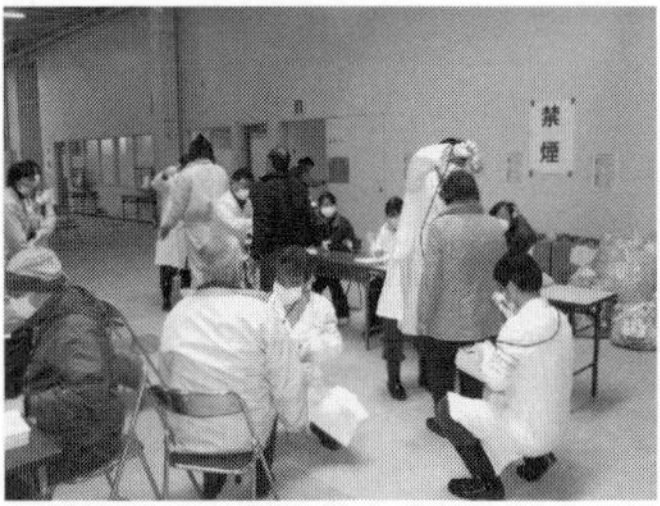

写真2-7　田村市内の避難所（デンソー東日本〔現・デンソー福島〕）、スクリーニングのようす(2011年3月18日)

写真2-8　田村市内の避難所（デンソー東日本〔現・デンソー福島〕）、避難所で活動する消防団(2011年3月18日)

があった後は本当にパニックだった。頭真っ白だ。どうすりゃいいのかって。

　その時はベント実施の報告もなかったので水素爆発とは思わない。ベントもできなくて釜（原子炉格納容器）がぶっ飛んだという頭しかなかった。釜が爆発していたら、ちょっとやそっと逃げるくらいでは済まない。現場ではすごい数の人が死んでいるのだろうなと思った。後日、実際に一、二号機のベントが成功したと東電が確認できたのは一四時過ぎだったと知った。

　それから急いで国道二八八号線を西に逃げた。とにかく放射能が来ないところまで逃げなくてはいけないと思っていた。その途中、大熊方面に向かってすれ違う車をいちいち止めて、引き返すように誘導しながらの避難だった。車中では爆発の原因を確認しようがない。だから絶望的な気持ちでずっと移動していた。住民をこれからどうやって避難させようかと考えていた。

企画調整課長といっしょに車に乗っていたが、原発からの情報が最初に入ることになっていた企画調整課長が一言も話さなかった。原発の状況をよくわかっていなかったようだ。私は、原発の担当課長に情報が入っていなかったと思って、正直いってショックだった。

町長のいる災対本部がどこだかわからなかったが、田村市の総合体育館に行ったらそこにいた。町長たちは前もって避難先での挨拶のため一三時頃に大熊町を出発していた。田村市の総合体育館は規模が大きく、周りの小学校などに町民も多く避難していたからそこに災対本部を置いた。その時はあまり遠くに行く必要はないと思っていたし、放射能汚染がここまで来るとは思っていなかった。隣の市だから田村市にお世話になりますということで、町長たちが先に行って市役所に挨拶していた。

田村市の総合体育館まで行ってしばらくしてから、あれは水素爆発なので大丈夫ですという話がテレビで報道されていた。本当かなと思ったが、双葉広域消防に聞いたら、今は対応しているといわれて、そうか、釜（原子炉格納容器）の爆発ではなかったとそこで初めてわかり、少し安心した。

避難先の学校などに食料や毛布を届けに回り、夜二一時頃に本部の総合体育館に戻った。体育館の中は避難者でいっぱいだったので、その夜は体育館の庭に停めた車の中で仮眠をとった。

†三月一三日――「ふざけんな。おまえらがやった仕事だ」

一三日の朝、田村市の総合体育館の災対本部会議で、町民といっしょに避難し各地に散らばっていた職員を集め、避難所運営のために職員を再配置すると決まった。バスに乗って町民が避難したところは小野町、三春町、田村市、郡山市という四つの市や町にわたっていたので、これらの市や町の役場に連絡員を置くようにもした。

本部には職員も多いが、それ以外の避難先の市や町では少人数になるので災害対応の経験のある職員を連絡員として配置し、避難先自治体と連携を密にして住民を守るようにした。当然、避難先自治体でも情報を集めたいだろうし、大熊町としては町民を守ってもらわないといけないので、原子力防災訓練を担当したことのある職員が行けばスムーズに進められると思ったからだ。

そこで私は本体の災対本部から離れて三春町に連絡員として移動した。三春町では最初に役場の災対本部に行って、こういうわけで大熊町から来ましたのでよろしくお願いしますと挨拶をし、三春町役場の二階に机とパソコンを一台貸してもらった。

パソコンを借りたのは、当時、ＳＰＥＥＤＩの情報が取れなかったので、海外の拡散予測のサイトを探し出すためだった。風向・風速など拡散予測に必要な気象状況は全世界で共有されているし、チェルノブイリ事故後、ヨーロッパでは放射能汚染拡散の予測システムができていたから、システムを動かしているはずだと思った。

すぐにノルウェーとオーストリアのサイトにアクセスできたが、今日は西風で太平洋に流れてるから大丈夫だとわかった。それ以降、ずっとそのサイトの単一排出量予測と地上の放射線量を比較し、プルーム（放射能の雲）が通過する地域の放射線量を調べて、三春町の災対本部と情報を共有して、対応にあたった。

避難所の運営は三春町の職員に協力してもらいながら、避難してきた大熊町の職員が責任を持ってやろうということにした。三春町には八カ所の避難所があって、そこに大熊町の人たちも入っていたが、大熊町だけではなくて、新地町からいわき市まで浜通り全部の町から避難してきていた。なかでも富岡町の町民が多かったので、富岡町の職員も何人か三春町に入っていた。そこで、富岡町の職員と協力をして避難所の運営にあたった。

大熊町の災対本部では役場から住民基本台帳のコピーを八部ほど持ってきていたが、避難所が四市町で二七カ所もあったから全然足りなくて、最初は避難者をチェックできなかった。そこで、まずはどこの避難所に何名いるか、その避難者の名前と出身町村名を台帳に書いて、避難所を出ていく人はどこに行くかを書くという手はずを整え、安否確認がで

写真2-9　田村市内の避難所（デンソー東日本〔現・デンソー福島〕）（2011年3月19日）

写真2-10　田村市内の避難所（デンソー東日本〔現・デンソー福島〕）（2011年3月21日）

きるようにした。

最初は紙ベースで台帳を作って、そのうちパソコンが入ってきたからパソコンに入力するようになった。大熊町民だけではなくて、他町村の避難者もいるし、避難所から出たり入ったりの変動が多くてたいへんだった。そうやって作った名簿を三春町役場の災対本部と田村市にある大熊町の災対本部に朝晩報告した。三春町役場には、大熊町から私を含めて二人、富岡町からも二人がいて、合わせて四人でそういう作業をしていた。

避難所への食料はすぐに来るようになった。ただ最初のうちは足りないから、避難開始から三日間くらいは毎食、おにぎりが一人一個程度だったように記憶している。避難者の気が立っていたせいもあるのか、新聞にはどこかの避難所で食料の奪い合いの騒ぎがあったと載っていた。

三春町に行ってから二晩目だったと思うが、ある避難所でバイキングになった。地元の人たちが寸胴鍋でいろんなものを作って差し入れをしてくれた。三日間、冷たいものしか食べていないときだったから驚いた。他の避難所にはいえなかった。三春町の中には八カ所の避難所があって、一カ所だけそんな温かいごちそうを食べられた。

三春町役場ではこちらがなかなかいいづらいところを気遣ってやってくれた。まず、町民の診療費を避難元自治体が保証するということで、保険証なしでも診察を受けられるようにしていただいた。私はそのことを新地町からいわき市までの浜通り全市町村に連絡して了解を取り付けた。また、避難も長期間になるだろうからといって避難所に炊事場所を作ったり、情報がないだろうからとテレビも手配してくれた。このような対応に感激して、その後三春町に移住した町民もいるくらいだ。

避難所にいた人たちのなかには、それこそわがまま放題いってくる人もいたが、それでは統制がとれないから、「皆さんの命にかかわることはきちんとやるが、それ以外のことについては我慢してください」と話した。実際、いわれてもできないことが多かった。ひどい暴言やわがままをいう避難者には、追いかけて行ってこらしめようかと思ったこともあった。

そういった苦情で職員が泣かされたこともある。職員は住民に言葉を返すことができない。自分の家族を犠牲にして避難所で世話している職員がなぜ文句をいわれなければならないのか。特に女性職員はかわいそうだった。こっちだって必死になっているのを伝えないと、相手は幾らでも要求するようになってしまう。

あんまり人前ではいえない話だが、原発に勤めていた人がいて、「俺はこんなになって避難してきているのに町は何をしているのか」というから、「ふざけんな。おまえらがやった仕事だ」と怒鳴ったこともある。

避難してきた大熊町の消防団も避難所ではいっしょに活動して、避難者に安心感を与えてくれた。避難所でものがなくなったこともあり、自警を含めて助けてもらった。

†三月一三日から一週間——車「ああ、止まった」

夜中でも避難所で何が起きるかわからないので、最初は三春町役場の二階で寝ていた。土地に不案内なので、夜間は三春町の職員一人に待機をしてもらい、大熊町と富岡町の職員と、三春町の職員で対応していた。

一週間くらいが過ぎて落ち着いた頃になって、役場近くの消防屯所《とんしょ》の二階に座敷があり、そこで横になって寝ることができるようになった。夜は三春町役場と消防屯所二階とを交替しながら避難所対応をした。

最初の一週間は興奮状態だからなかなか寝られなかった。自分でまずいなと思ったのは、車を運転して、三春町から田村市に置かれた大熊町の災対本部に行くとき、体が金縛りにあったように動かなくなったことだ。ブレーキをかけようと思っても足が動かない。ガリガリと車体を傷つけながら、「ああ、止まった」ということがあった。止まってからそのまましばらくぼーっとしていた。それからは極力運転を避けて、災対本部には何かあるときだけ連絡をくれという話をして、三春町から出ないようにした。避難所にいる職員向けに、災対本部の会議のまとめが毎日配られていたので、それで十分だと思った。

写真 2-11　避難後の町に残された犬たち（2011 年 6 月 3 日）

写真 2-12　会津への二次避難直前の田村市総合体育館（2011 年 4 月 2 日）

三春町の中に避難所は八カ所あったから、そこで対応していた職員は富岡町の職員を含めて三〇人以上はいたと思う。大熊町の職員だけでも二〇人はいた。後から県の職員も応援に来た。

避難所では親戚などが迎えに来て出ていく人もいる。そういうときは、〇〇さんのところでは迎えが来たん

■県職員による避難所の記録

○3月下旬から2日間単位で県職員が2人程度、主だったいくつかの避難所(三春町内では8カ所中3カ所)に応援職員として派遣されるようになった。県職員は避難所で起きたことを記録し1日おきに県庁に報告している。本文に関係する田村市と三春町の避難所についての報告を簡単にまとめると次のようになる。

〔3月29日現在避難者数〕デンソー東日本(不明)、船引町旧石森小学校(206)、滝根体育館(167)、常葉体育館(196)、船引町旧春山小学校(269)、田村市総合体育館(797)、大越体育館(42)、三春町民体育館(180)、沢石会館(71)

〔不足物資〕爪切り、咳止め、食料、缶詰、食器洗剤、洗濯用物干しひも、絆創膏、冷えピタ、携帯の充電器、灯油、電池、箸、加湿器、医薬品、ガムテープ、ごみ袋、下着、ビタミン剤、洗濯機、公衆電話、等。

〔体調不良者〕嘔吐3名(うち、1名救急車で搬送〔ウイルス性胃腸炎〕)、下痢10名、数名風邪の症状、保健師毎日巡回、医師数日に1回巡回、等。

〔避難者からの要望〕「今後お金が必要になるため、貸付制度について教えてもらいたい」、「一度帰って貴重品を持ってきたい」、「避難所間の移動方法が欲しい」、「車が無く移動できない」、「避難所が寒い」、「下水道が詰まった」、「上水道が使えない」、「入浴したい」、「風邪薬が欲しい」、「プライベート空間がほしい」、「情報(新聞、テレビ)不足」、等。

〔その他〕高校生が4月以降について不安の模様、酔って警察沙汰になった者あり、ゴミの回収頻度が少ない、県職員の派遣人数増の要望あり、町職員は交替がないので疲れている、避難者の自治組織がうまく機能している、灯油を節約しているので多少寒い、毎朝避難者間で新聞の取り合いがある、等。

だね、よかったねということになる。原発の事故なので、我々は本心では町民をできるだけ遠いところまで逃がしたいが、バスで避難してきたために自家用車がなく、公共交通機関も動いていなくて、移動の手段がないから迎えに来てもらうしかなかった。

「あの人はどこにいる？」という問い合わせもあったが、探すのはなかなか難しい。全国に散らばっていた避難者の情報を集めないとできないし、それが「あいうえお」順の名簿になっていればいいが、そういう作業まではできない。ただ、行政区単位の集合場所ごとにバスへ乗ったので、ある程度は地区ごとにまとまっていた。だからどこの人ですかと聞くと、それならあそこの避難所にいるかもしれないという話はできた。

最終的に町民の安否確認ができたのは、会津へ町民が二次避難をして、会津若松市に役場の出張所とコールセンターができてからのことなので、七月過ぎまでかかった。

ある程度コミュニティがちゃんとしていれば町民の行き先や安否もだいたいわかる。そうではない人たち、たとえば東電関連の仕事で滞在しているとか、たまたま来ていたとか、そういう人たちは全然わからない。

大熊町からバスに乗っていっしょに避難した外国人がいて、田村市常葉町《ときわまち》で下車したあと行方が分からなかったが、自前で車を調達しフランスまで帰ったらしい。アレバ（当時、世界最大の原子力産業複合企業で九割以上の株式をフランス政府が持っていた）の従業員らしいとのことだった。

†三月一五日──「これ、いつ飲んでいいんですか」

田村市の総合体育館には広島大学のグループがスクリーニング要員として派遣されてきた。一五日に放射線量が高くなったときは、みんなで部屋に閉じこもって出てこなかったという話だった。

国はSPEEDIを公開していなかったので、三月一五日の朝、パソコンで海外のメディアに出ていた放射能の拡散予測を見ていた。すると、拡散予測と地上の実測値を比較し、なぜここだけこういうふうになっているのかとか、なぜここが抜けているのかとか、あちこちに不自然なのがある。あるべき数字が出てこないときは怪しいと思った。

一五日の朝、いわき市で一時間当たり三〇マイクロシーベルト近い数字が出たとラジオか何かで聞いた。だけど、その後確認しようとしてインターネットを見ても実測値が見つからない。警察官から、きょうの放射能の数値ですと表を見せられたが、いわき市の数値がずらっと抜けていた。「あれ?」、「やべえ」と思った。「今日の予測では南へ流れるはずだから測ってるはずなのになぜないのか」と。

そして東海村に一〇条通報が出る(午前八時一五分)。前日からの海外での拡散予測のとおり今日は太平洋のほうには行かないで、北風で南に流れ、それから南風に変わり、南からぐるっと回って三春町の方にプルーム（放射能の雲）が来ると思った。それで、三春町の災対本部に、こっちに来るからという話を伝えた。線量計を持っていた三春町民がいて、今まで見たことがないほど放射線量が上がっていると伝えてきた。このことは後で三春町の「実生《みしょう》プロジェクト」（三春町町民のプロジェクト）の検証でも明らかになっている。だったら予防として安定ヨウ素剤は飲ませなくてはと思った。

安定ヨウ素剤は甲状腺機能障害でもない限り飲ませても大丈夫だと私は考えていた。そもそも、三春町に行ったとき、とろろ昆布が売り切れていてない。えっと思った。町民が買い込んでいたらしい。煮昆布が残っていたので個人として買ったのを覚えている。安定ヨウ素剤が飲めなかったら代用品としてこういうのを食べれば少しは効くかなと、藁にもすがる思いで買った。

役場から避難するときに、大熊町の町民の分の安定ヨウ素剤は田村市にある災対本部に持ってきていた。だけど、避難所には大熊町民以外もいるから飲ませられないなと思って、富岡町の職員にいったら、富岡町でも少し余計に持ってきたという。じゃあ、みんなに飲ませることができるなと思って、飲ませようということになった。

富岡町では何かあったら飲むようにとすでに町民に渡していたものもあった。富岡の町

写真2-13　避難が続いてひと気がなくなった大熊町の中心市街地（2012年9月21日）

写真2-14　避難後、荒らされた自動販売機（2012年11月6日）

民が「これ、いつ飲んでいいんですか」と三春町の保健師に聞いたらしい。その町民が、実はこういうわけで安定ヨウ素剤を服用することになっているんですというので、三春町では慌てて県庁に行って三春町民分の安定ヨウ素剤を確保してきた。三春町は原発立地自治体ではないから安定ヨウ素剤の備蓄はなかったので県庁まで取りに行った（この間の経緯は、朝日新聞特別報道部〔二〇一三〕に詳しい）。

田村市の総合体育館にいた大熊町の災対本部に、こちらでは安定ヨウ素剤を飲ませると電話で伝えたら、田村では医者もいないので飲ませられないという話になった。だけど三春町には三春町立三春病院の先生がいたから、その辺はなんとかなるという考えがあった。田村市も原発立地自治体ではないので、田村の市民に配る安定ヨウ素剤を備蓄していない。大熊町でも田村市民に配るほどの安定ヨウ素剤は持っていないので、田村市に避難している大熊町民には配れなかった。田村市にある避難所でも飲ませるべきだと私は伝えたが、職員は医者もいないのに飲ませられない、安定ヨウ素剤服用のための条件である国からの指示もないからと電話を切ってしまった。そんな指示など国や県から来るわけないのだからといってもだめだった。

原子力防災訓練では安定ヨウ素剤を飲んでから避難するという説明を受けている。だから、本来は一二日の朝、安定ヨウ素剤を飲んでから避難するのが筋だったと思う。もしも放射線量が上がっているのがわかっていたら飲ませていたし、あるいは表に出ないで家の中にいろという指示もできたはずだ。余震が怖くて家の中にはいられなかっただろうが。

一二日に原発で爆発があったのに、その後なぜ飲ませないのかと思っていた。そしたらあれは水素爆発で問題ないみたいな話になった。でも問題ないわけがない、水素が出ていれば、他の放射性物質も出ているはずだ。

正直な話をいうと、一二日に水素爆発があって避難した時から、殺されかかったと考えていたので、後で捕まろうが何しようが安定ヨウ素剤を飲ませなければと思っていて、一五日には三春町に避難している大熊町民に安定ヨウ素剤を飲ませた。後で、飲ませたのはお前だといわれるのはわかっている。

後日、国の原子力安全委員会（原子力規制委員会の前身）が、飲ませてよかったといっているが、県は逆になぜ飲ませたと三春町にいってきている。県立医大だって職員に飲ませているし、県の警察も飲みながら活動していたのに、なぜ住民に飲ませてはいけなかったのかと思う（すでに三月一二日には、国の現地対策本部からの問い合わせに対し、原子力安全委員会は安定ヨウ素剤の関係者への服用を指示していたが、そのファクスは途中で紛失され、現地には届いていなかった。また二〇一二年に原子力安全委員会は安定ヨウ素剤の取り扱いを変更し、あらかじめ定められた条件で自動的に服用されるようになった。『政府事故調　中間・最終報告書』によれば、福島県保健福祉部地域医療課の職員は三春町に対して配布中止と回収の指示を出したという。さらに、『国会事故調　報告書』では服用指示を出さなかった県知事に責任があるとされている）。

自分らがやったことで都合が悪いことは隠して検証しないままにしているから県は信用されない。これはこういうわけでできなかった、だからしょうがなかったというようにきちんと確認するべきだと思う。そうしなければ、善後策は出てこない。

3　一〇〇キロ離れた会津へ

†四月四日――「あの人がいいんでないか？」

四月四日に、大熊町の町民はそれぞれの避難所から会津に移る。役場の本体も災対本部として会津若松市に移った。私はその時三春町に詰めていたので、どういう経緯で会津に行くことになったのか、よくはわからない。会津に二次避難することは災対本部が決めた。

田村市の総合体育館やデンソーの避難所ではノロウイルスが発生した。風邪をひく人も多い。だから、寝泊まりできてあたたかい食事がとれ、原発から離れたところということで会津に二次避難をした。会津では旅館やホテル六〇カ所に約二六〇〇人が二次避難できたのでよかったなと思った。

三春町に避難していた人たちが、会津のどこの旅館やホテルに入るのかは町職員が手作業で割り振りをした。避難所には大熊町以外の住民もいたが、大熊町の人だけを集めての移動になった。原発からさらに遠い会津に行くこと自体には町民を守る意味もあり、そんなに抵抗感はなかったが、一次避難した田村市や三春町には、後ろめたい思いもあった。他の自治体も県が割り振っていたので、そんなものだと思っていた。楢葉町は会津美里町に行ったし、葛尾村は会津坂下町に行った。

四月五日に会津若松市で仮役場の開所式があったとき、菅家一郎会津若松市長は、会津も戊辰一五〇年になるが、戊辰戦争（一八六八〜六九年）後に青森県の斗南《となみ》に会津の人たちが流された悲惨な歴史的体験がある（星 二〇一八）から、我々も皆さんを暖かく受け入れ

写真 2-15　大熊町から 100km ほど離れた会津若松市に開設された大熊町役場会津若松出張所の開所式。左は渡辺利綱大熊町長（当時）、右は菅家一郎会津若松市長（当時）。

ますよという話をされた。避難対応で疲れていた職員の中には、その話を聞いて安心したためか、涙を流す者もいた。

会津若松市との最初の折衝は学校関係だった。親は子どものことがいちばん心配なので、子どもを引き受けてもらうようなところはないかと考えていたら、会津若松市の市長や教育長とのご縁もあって会津若松市の教育委員会と話が進んだ。形式的には県が二次避難所として大熊町を会津若松市に割り振り、役場ごと移動したわけだが、そもそもは大熊町と会津若松市のほうで学校関係の避難の話が先行していて、その後で県が避難場所を割り振ったのだと思う。

廃校になっていた河東第三小学校と、予想以上に子どもたちが集まったため、役場を置いた会津若松市追手町庁舎を借りて、四月一六日には大熊町立の幼小中学校を再開することができた。幼稚園児一一名、小学校児童三五六名、中学校生徒二〇八名だった。

会津で、まず私は、裏磐梯をはじめ、喜多方市、会津若松市の二次避難所全部を回りながら、避難所の自治会づくりをやった。その他にも薬や物資を配布したり、避難所で何か問題が起きたときに行って対応するとか、そういう作業を五月までやっていた。

自治会組織の立ち上げというのは、二次避難所のホテルとか旅館単位に、自主的な避難所運営をお願いすることと役場との連絡要員をつくってもらうことだった。それもたいへんだった。まずそのホテルや旅館の避難者の中で誰がキーパーソンかわからない。もともと行政区長さんだった人がいれば、そういう人に「お願いします」ということで、「いいよ」という話になるが、そういう人がいないときはどの人にお願いしていいのかわからない。話をしているうち「あの人がいいんでないか？」となり、お願いできますかという話をして、みんなを集めて組織を立ち上げた。

二次避難所への避難者には二通りある。直接、田村市や三春町などの一次避難所から移動してきた人はもちろん、何カ所も転々と避難をして会津にたどりついた人もいる。逆に避難所から出ていく人もいたが、一次避難の総合体育館や学校とは違って、ホテルや温泉付き旅館などだったから、そこから出ていく人は仕事関係や病気関係などに限られていた。年配者がいる家族で、落ち着く先が決まればいっしょに出て行くということもあった。

夜昼なく避難所から電話が来るから、あの頃は仮眠しか取れないありさまだった。業務用の携帯はないので自分の携帯番号を教えるしかない。自治会の人たちに自分個人の携帯電話を教えておくので、何かあると夜中でも電話が鳴る。

病気なので救急車を呼んだらいいのかとか、病院に行ったがどうやって帰るのかとか、金がねえぞとか、あとは、酔っぱらってケンカしたとか。みんなイライラして苛立っているから、私自身も、町民とつかみ合いをしたことがあった。二次避難所になっているホテルや旅館からも苦情の電話が入った。

その頃は放射線量や原発の状況が悪かったので、大熊町から会津に多くの住民が来て、浜通りのいわき市に避難する動きはあまりなかった。いわき市に行く人たちは原発の収束作業に従事している町民が多かった。自分の行く先をすでに見つけて避難している人たちは全国各地に広がっていて所在すらもわからない状況だった。

職員は五月の連休のときだけ、前半・後半とグループを分けて休んだ。私も三日間休ませてもらって、震災で亡くなった方の弔問と親類を訪ねに行った。避難所対応を五月の途中までやって、その後、災対本部の主管課長（生活環境課長）に異動になった。

†六月一日――「町長を出せ」

私は四月四日からは二次避難先として会津若松駅前のホテル・アルファーワンに泊まっていた。家族がいっしょにいない人はホテルのシングルルームで、家族が同居する人は東山温泉や磐梯周辺の旅館やホテルだった。こっちはビジネスホテルなので、温泉はうらやましかった。

　六月一日に防災を担当する生活環境課長に異動する。発令日は形式上四月一日だが、その頃は異動どころではない。三月三一日で退職した職員は挨拶もできずに去っていくような状態だった。

　震災の前後、一年弱だけ農業委員会事務局にいたが、それまでは二一年間も防災を担当する生活環境課にいて、防災関係に慣れているということが異動の理由だった。

　災対本部会議は、非常時なので消防団や消防署、警察署などの本来の参集要員が集まれないから、町長を中心に役場管理職でものごとを決めていた。防災計画に定められていない新しい業務についてはどの課が担当するかなどを決めた。

　たとえば、建設課は仮設住宅の建設をやるが、一方でアパートなどの借上住宅もやらなくてはならない。建設課は技術職だから建設は当然としても、借上住宅には不動産屋との交渉などもある。被災地への一時帰宅が始まれば、それは生活環境課がやる。避難者の仮設住宅への支援物資の手配は産業課がやるというように、避難に伴う住民対応の新しい業務は災対本部会議での割り振りで進めた。

　二〇一二年一〇月に組織を改組し、震災対応を踏まえて生活環境課が環境対策課になった。その時に復興事業課などの組織改編も行ったが、いずれも機動的に災害対応をすることが目的だった。環境対策課は災対本部の主管課であり、放射線対策、除染後の検証、住民一時帰宅、公益立入、町への苦情受付窓口でもあった。

大熊町の災害対策組織で運営上問題だったのは、災対本部が環境対策課にあることだった。町長がすべて指揮することは難しいので、災対主管課で指示を出すことがあるが、総括課長でなければ職員全員に指示できない。災対本部が環境対策課にあると、災対の主管課長の上に総務課長がおり、その上に町長がいることになる。実働を考えれば災対本部は総務課でやるべきだったと思う。

災対本部でいちばんたいへんなのは町民からの電話対応だった。どうなるのかもどうすればいいのかもわからず、みんなイライラしているから朝から晩まで電話が鳴りっぱなしだ。電話を受ける職員も回答を持ち合わせていないので明確な返事をしようがない。結局、「町長を出せ」となってくる。若い職員が電話を受けても相手が納得しないので、しかたなくて、長引く電話は私が引き受けていた。ストレスで難聴がひどくなったのもその時だ。

そういう電話を聞いているうちに声が割れて聞こえてくる。そのうちに両耳が熱くなって声が遠くなっていく。たぶん、体が拒否するのだと思う。そこで、「聞いているのか！」と相手がいうから、こっちも「本気になって聞いているからいってんだべ！」なんてやり返していたが、だんだん聞き取れなくなってくる。それがいちばんしんどかった。一時間、二時間の電話を何回も毎日のようにやっていた。

多少のことでは病院に行けるような状況でなかったので職場に医師が来てくれた際に薬をもらい対応していたが、避難した年には職場にエアコンがなく、夏には三七度を超える気温になって熱中症になってしまった。町民以外からも避難者や町に対しての苦情が相当数あり、職員に精神的ダメージを与え、耐えられなくなって退職したり休職する職員が増えていった。

全国に避難している町民の安否確認のためにコールセンターを立ち上げて、被災者の住所を把握するようにした。コールセンターの案内先をテロップで出すことを条件に、テレビ取材にも応じた。コールセンターで電話を受けてそれを避難者情報のリストにした。ある程度、住民を把握できるまでには七月いっぱいかかった。

シンクライアントサーバー（情報漏洩を防ぐため、端末では必要最小限の処理しか行わないシステムのコンピュータ）は大熊町に残してあって、放射線量が高いから持ち出せない。バックアップサーバーかクラウドにして別のところに必要な情報を保管しておけばよかった。

避難後、三月一七日に基幹系サーバーを回収に向かったが、地震でラックが変形してしまっていて持ち出せず、ハードディスクとバックアップデータのみを回収して引き上げた。三月二三日には大熊町の役場内にあったパソコンを回収し、三月二八日に避難先の会津若松市追手町庁舎で新たなサーバーを入手して、四月五日の大熊町会津若松出張所開所式までに基幹系のシステムを構築した。

基幹系サーバーを大熊町から持ち出すためには放射線対策の問題があり、六月になってからの回収となった。シンクライアントサーバーは八月下旬の回収だったので、震災前のシステムに戻り、職員が使用できるようになったのは一〇月頃だった。

四月、会津若松市に移動した当初は、大熊町の役場から持ち出したパソコンと支援物資として入ってきたパソコンを職員に配布したが、全職員にいきわたったのは七月頃だった。だから最初、名簿などは全部紙ベースで作成し、そのうちパソコンが来てからエクセルで表を作れるようになった。

そんなふうにして、ようやくこちらから町民に連絡をすることが可能になった。義援金の配付は口座を届けてもらって振り込んだ。東電の仮払金の支払い請求は、プライバシーの問題があり、役場が東電から関係書類を預かって封筒に入れ、住民の避難先に送付した。

†六月三日――復興構想検討委員会

大熊町の場合、会津若松市内に多くの応急仮設住宅を建てたが、会津若松市役所だけではなく、地元行政区長さんなどたくさんの人たちに協力をしてもらった。応急仮設住宅建設説明会には会津若松市の地元の方に集まってもらい、地元行政区長さんたちにも地区の人への協力を依頼し承諾をいただいた。

仮設住宅の建設は建設課と総務課が担当し、入居に際しては、大熊町行政区長会で抽選をして、仮設住宅ができた順番に行政区単位で入れた。阪神・淡路大震災の例があったので、コミュニティ単位で入居すれば、被災者が孤立せず有効だという話があったからだ。ただそれは会津に建てた仮設住宅のことで、いわき方面に建てた仮設住宅ではそうはできなかった。いわき方面は原発の収束作業員の流入でそもそも借り上げ物件の空きが少なく、建設型仮設住宅の土地の確保にも時間がかかった。

いわきには仕事を求める町民が多かった。原発の収束作業とか、復興事業があり、その後には除染作業も出てきた。特に若い人はいわき方面の仮設住宅への希望が多く、行政区単位でみるとバラバラに入居するようになってしまった。そうすると、仮設住宅の自治会のつくり方にも温度差が出る。そういう意味では、会津よりもいわきには問題が多く出てしまった。一冬が過ぎると、会津のほうは雪が多くて、やっぱりいわきのほうに行きたいという声もあった。

仮設住宅から仮設住宅への引っ越しも大熊町に近づくような移動（会津から中通り、いわき方面）であれば認めていたが、冬の寒さや雪など条件が不利な仮設住宅から利便性の高い市街地の仮設住宅への移動は認められず、高齢の入居者からは不満が多くでた。また、いわきではアパートも土地も、とんでもないバブル状態になっていたので、会津からいわきへの移動はなかなかたいへんだった。一〇月にはいわきに役場の出張所を開いた。

当時の災対本部は、先がわからないことだらけで、目の前の問題をこなすのが精一杯だった。原発事故の収束時期、除染の可否、町の汚染状況、国のこれからの対応策等々、全体がよくわからない。除染して大熊町に帰ろうという話になるが、放射線量の詳細なデータはないし、原発自体がどうなのかわからない状態で、除染も国がどこまでやるかわからない。

だから、どういうところにウエイトを置けばいいのかわからなかった。とにかく、まずは住民を守ることが第一だが、一方で判断材料として何らかの復興のロードマップを町民に示さなければならなかった。六月三日に復興構想検討委員会を開いた。正直いうと、基になるものがないと何もできないから、まずそのたたき台をつくらなければいけない。その当時、国はいついつまでに何をするという時間軸を示していないから、参考になるようなものが何もない。

町ではそれまでも何度となく、国に時間軸を示してほしいと要求した。その当時は国も回答が全然できないから、どうしていいか判断できず、不安でいる町民に対して、大熊町はとりあえずこういうふうなことで町としての復興を目指しますよという方針を出さないと、何ひとつ動かない。

だからどちらかというと大熊町自身が問題意識を持って検討委員会を立ち上げた。絵に描いた餅といわれればそのとおりで、いつまでにできるという具体性はなかった。どのくらいで帰れるのかわからないが、「大熊町に帰って復興を目指す。その間は住民支援を続けていく」という方向以外に考えられなかった。

計画策定をコンサルタントに委託し、放射線量の低い地区から除染を行い全町きれいにして帰るというようなストーリーでたたき台を考え、町や検討委員会の声を入れて作った。その頃、JAEA（日本原子力研究開発機構）で除染後の放射線量を予測できるプログラムがあったので、それを使ってどの程度の年数で帰れるか検討したかったが、それは計画策定に間に合わなかった。

一方で、仮《かり》の町《まち》構想（住民が集団で避難生活を過ごせる地域をつくること。町外コミュニティとも呼ばれる）というような話があり、ゴルフ場などの面積のある所の売り込みもあったが、胡散臭い話もあり立ち消えとなった。

私の母親は退院直後で震災に直面したので、最初は千葉にいた弟（次男）が母親を迎えに来てくれた。そのうち関東も危ないという話になり、岡山在住の弟（三男）がいたので、

写真2-16　不慣れな雪が積もり始めた会津若松市内の仮設住宅（2011年12月）

三月一五日には弟の子どもといっしょに岡山まで避難した。

私は会津若松のホテルに七月の初めまでいた。借上住宅は住民優先なのでなかなかアパートを借りられなかった。一人暮らしならまだしも病気がちの年寄りがいるので、借りるとしたらバリアフリーの物件を探さなければならず、なおさら見つからなかった。楢葉町で借上住宅用に押さえていた会津若松市内のアパートが運よく余っていたので、そこを借りて引っ越した。

八月に入り、そのアパートに岡山から母を引き取った。

最初のうちは、母がアパート生活に慣れず、仮役場から時間休をもらって出ていって世話をしたりしていた。三カ月くらい過ぎたら母の認知症が進み、散歩に出てアパートに帰ってこれない時もあった。当時は休みも取れず、母に食事をさせるために家に帰ると職場の苦情電話対応で疲れているうえに、延々と認知症初期の母の話を聞かされ、また職場に戻るという生活で、ストレスがたまり続けた。

その後、母親は体調が悪くなって、会津若松市内の県立病院に入院した。こうなると、朝、病院に寄ってから職場に行き、夕方また病院に寄る毎日になる。退院時に病院と相談して施設に入所させることになった。その後、施設と病院の入退院を繰り返しながら、まだ会津若松市内の施設に入所している。中通りの郡山市近辺で入所先を探して申し込みをしているが、医療の関係で受け入れが難しいといわれ、そのまま会津の施設でお世話になっている。

4 復興へのステップ

†緊急被曝――「そのデータは上書きして消えました」

大熊町に帰れるようになるまでどれくらいの期間がかかるのかは除染の結果いかんだと考えていた。当初、大熊町は放射線量が高すぎて除染どころではなかったが、県内でも周辺部では除染の試行が始まっていたので、どういう方法があるのかは気にかけていた。理屈では、除染して、集めて、人から離れたところにそれを置けるのであれば、なんとか帰れるかなと思っていた。

放射線量が高いところは除染の効果がはっきり出る。逆に低いところは、山など除染しない周囲の放射線量が高いため、除染をしてもなかなか放射線量が下がらない。ホットスポット（排水溝など局地的に放射線量が高くなっている地点）を探して、そこから集中的に汚染

写真2-17　国道6号線沿いの大熊町の住宅地。帰還困難区域なので、現在も道路の両側にバリケードがはられている（2014年11月2日、毎日新聞社）。

土を取り出していけばかなり違うとは思っていた。

緊急被曝状態ではなく現存被曝の環境の中に帰っていくわけで、その基準は年間五ミリシーベルトくらいかなと思っていたが、二〇ミリシーベルトということになった。二〇ミリシーベルトといったら五年もいたら累積線量は一〇〇ミリシーベルトになるからそれはおかしいだろうという話はしたことがある。

しかし、いちばん問題なのは、我々が大熊町から避難するまでの間にどれだけ被曝したのかがわからないことだ。三月一二日には大熊中学校に県がポータブルのサンプラー（放射性物質の飛散状況を調べる装置）を置いていた。後日、そのデータは上書きして消えましたと県が発表したので怒りを覚えた。

スクリーニングでは一〇万cpm（一分間を単位時間とする放射能の強度の単位）を超えて被曝していたという住民もいた。あとになって原子力センター前のモニタリングポストのデータが再現されるが、一二日の朝八時頃には放射線量がすでに上がっている。

だからホールボディ（身体の内部被曝を測定する装置）でもバイオアッセイ（化学物質が及ぼ

す影響を調べる方法）でもいいから、初期被曝量を早く測ってくれといってきたが、当時は国も県もどこもやっていない。東電も原発入構者以外はできませんという。八月頃になって千葉の放医研（放射線医学総合研究所）のほうで測定しますということになったが、八月になったら放射性ヨウ素は消えてしまうので、初期被曝の量が出るわけがない。本来であれば、人を守るために初動のときからデータをとって、それを解析しどう対応するかというのがいちばん大事だったが、その辺の対応がなされなかった。後に、三月一三日にはセシウム検出前に放射性ヨウ素が検出されたとオフサイトセンターのホワイトボードに記録が残っていたことが判明した。

†放射線量——「おまえらは汚染されたところから来た」

東電の連絡員は田村市の総合体育館にはいたが三春町には来ていない。だから大熊町の災対本部からの情報に加えて個人的にネットで情報を集めていた。私がいちばん最初に見つけたのはノルウェーやドイツの放射能拡散予測で、後はアメリカの航空機モニタリング結果だった。

福島第一原発の中に入っている町民から原発の情報も個人的には入ってきた。また、避難所にいる家族を迎えに来た原発作業員が柏崎（柏崎刈羽原発）や福井に行ったら、ホールボディで汚染されていることがわかり入構できなかったという話もあった。三春町役場に来た郡山広域消防（郡山地方広域消防組合消防本部）の職員から、高い放射線量の避難者がいることも聞いた。

県は原子力センターで線量が高くなったことはわかっていた。SPEEDIのデータも県庁には届いていた。福島第一原発の正門前で放射線量が上がっていたという情報も入っている。県の災対本部は、大地震、大津波、原発事故と対応するべきことが山ほどあって混乱していて、津波や地震の被害者の救助や捜索を最優先に対応していたことは当然だと思う。後から原発事故の大きさに驚いたと思うが、原子力安全対策課や原子力センターの原発担当職員たちがどのような情報を取り、判断し、対応したかを今からでも検証してほしいと思っている。

三月一二日の午前三時から五時の間に、福島第一原発の構内では放射線量がずいぶん上がっていた。一二日一五時半過ぎに、ドカンと水素爆発するよりずっと前だ。避難したとき三春で、「おまえらは汚染されて来た」といわれた。「汚染されているわけないだろう。俺はドカンとなってから出て来たんだから」といい返していたが、後日、あれは間違っていたと気づいた。ドカンとなる前に、町内に出て作業していたから汚染されている可能性があったのだ。

いずれにしても初期被曝のところがわからなくなっている。発がん率に影響するのは累積線量なので、その時何ミリシーベルトを被曝したかではなくて、加算された累積線量が一〇〇ミリシーベルトになれば発がんの可能性が上がる。町民は不安に思っているがみんな話さない。年配者の中には「俺は原発に入って仕事をしていた。これだけ被曝したが問題ない」という人もいるが、それは個体差の問題で、科学的根拠にはならない。

事故直後に、アメリカの市民団体が放射能測定器を持って来て、富岡インターチェンジのところでウランとプルトニウムが出たというニュースをネットで見た。三号機がMOX燃料のプルサーマル炉で、ひょっとしたらプルトニウムやウランが飛散しているかもしれないと思ったので、五月二三日に東北大の先生といっしょに大熊町内の土壌のサンプリングに入った。もし、超ウラン元素であるプルトニウムやウランが出てくるようだったら、これはいつになっても放射線量は下がらないし、大熊町に帰って住むことは諦めてもらうしかないなと思いながら、原発をぐるっと囲むように土壌サンプリングをした。

プルトニウムでは第一人者のいる金沢大学につないでもらってアルファー線核種の分析を行った。結果として西日本や北陸の三分の一から七分の一ということで、多少は原発事故由来のプルトニウムが存在するが、過去の大気圏内核実験の影響のほうがもっと大きいということでほっとした。

半減期一万二〇〇〇年のプルトニウムより半減期三〇年のセシウムが主だから、三〇〇年くらい過ぎれば大熊町の環境も元に戻るなと思った。だが、セシウムが問題だというつくり方でNHKが報道したので、逆に町民からは帰れないではないかと責められた。学者や専門家と称してマスコミに出てきた人たちが、このありさまをどうとらえているのかがわからないことも多かった。事故直後に「恐怖が死をもたらす」とか、「直ちに影響ない」とか、「冷温停止状態」とか、あまり科学的とは思えない文学表現を使っていた。いまでもそういうことが散見されるが、判断を誤らせる結果になるので気を付けたい。

†町政懇談会――「いつ帰れるんだ」

一一月に除染モデル事業が始まり、役場周辺と福島第一原発のすぐそばの夫沢地区のおよそ二三ヘクタールを除染した。国の試験的除染なので、放射線量の高い地区で実施した。その翌年には放射線量の低い大川原地区で先行除染を実施したので、大熊町は早めに除染を開始できると当時は思っていた。しかし、除染モデル事業が終わってから引き続き除染をしなかったということは、作業員の被曝線量が高くなりたいへんだったということではなかったか。夫沢の山の林では放射線量が一時間当たり一〇〇マイクロシーベルトを超えるようなところもあった。

大熊町の中でも放射線量が低いのは、山間部の中屋敷や大川原地区で、現在の復興拠点形成につながっていく。復興の足掛かりは平地で面積が取れる居住制限区域の大川原にしかない。放射線量が低いところから順に拡大しながら復興するしかないだろうということになった。

二〇一二年に避難区域の再編があって、帰還困難区域、居住制限区域、避難指示解除準備区域の三つに分けられる。この再編は放射線量分布を基に始めたはずだが、一つの行政区を分断しないとかいろんな条件があった。町民のほうから自分の地区も帰還困難区域にしろという話があって、野上地区と熊地区が居住制限区域でなく帰還困難区域となった。

どの区域に指定されるかで問題になるのは東電からの賠償に差が出ることで、それが財物補償に表れた。そこでその差については町で補塡することになった。居住制限区域と避難指示解除準備区域に

写真 2-18　避難先各地で開かれた町政懇談会（2011 年 10 月 17 日）

写真 2-19　町民参加の復興対策会議専門部会（2012 年 11 月 14 日）

指定される大川原と中屋敷の人には差額分を支払って、住民間で差が出ないようにした。国にも要求したが、差額の補塡はできないといわれて、しかたなく町として議会に諮り補塡したが、一時所得にカウントされて税金分の差が出てしまった。

区域再編のときや大川原地区の避難指示解除など、重要な決定については、全協（町議会の全員協議会）を開いて了解を取り付けてから行政区長会を開き、それらに基づいて住民説明会をするか、町政懇談会で説明する。大きな問題の大半はそういうふうな形でステップを踏んで町民の合意を得てきた。

町政懇談会は二〇一一年から東京、新潟、仙台、水戸などの県外や、県内の浜通り、中通り、会津の各地区で開いた。最初の頃は、「いつ帰れるんだ」「これからどうなるのか」「こんなところ（応急仮設住宅）にいつまで置くのか」という声が多かった。避難者への支援については原発避難者特例法（二〇一一年八月施行の「東日本大震災における原子力発電所の事故による災害に対処するための避難住民に係る事務処理の特例及び住所移転者に係る措置に関する法律」）で避難先の自治体にやってもらうしかない。県内であれば何とかできることもあるが、沖縄から北海道までこちらで出かけて面倒を見ろといわれてもできるわけがない。

遠方に避難している人たちは、最初から強い危機意識をもって遠くに避難しているか、もともと避難先に親類・知人がいる人だ。何かあったときは避難先の自治体から電話が来るので、それで対応するしかない。担当課のほうに電話で、どういう人なのかとか、これまではどうだったのかという問い合わせが多く来た。

†中間貯蔵施設――最初は中間貯蔵の「ち」の字もなかった

中間貯蔵施設について、国は除染の廃棄物置場の適地がわからないので町の中のどこに置けばいいかとやって来た。だから最初は除染土の仮置場のことだと思っていた。まさか、その後に具体化する巨大な中間貯蔵施設なんて思いもしなかった。その時町内の候補地が七カ所くらい挙げられていて、そのうちの何カ所かだろうなと思っていたら、それがそのまま全部、ほぼ中間貯蔵施設になってしまった。

場所を決めたのは環境省だ。最初は中間貯蔵の「ち」の字もなかった。福島県内の全部の除染廃棄物を持ってくるなんて誰だって嫌だ。最終的には大熊町の七カ所と双葉町のほうが合わさって、中間貯蔵施設という構想が出来上がってきた。一六平方キロメートルもの広さだった。

だんだんと追い詰められていく。大熊町のゴミ（除染廃棄物だけでなく）は他の町に受け入れてもらえない。放射線量の高いものは持ってくるなといわれる。町外に持っていきようがなかった。復旧工事をした際に発生する廃材を町外に持っていくところがなく、町有地に仮保管していた。我々が復興するためには自分の町で処理するしか方法がないという判断になっていった。

国は三年以内に県内各地の仮置場から除染廃棄物を撤去すると地元に約束していたから、その地元から早く撤去するように要望されると、県は国といっしょになって、早く場所を決めてくれという圧力団体にも見えた。大熊町と双葉町は合わせても人口は二万人しかいないから、県全体の二〇〇万人マイナス二万人の残りの一九八万人が、邪魔だ、持っていけといっているのと同じに思える。

原発立地町民へのバッシングは事故直後からあった。電話だけでなく、直接来庁して怒鳴り込まれたことも多々あった。「おまえら原発を誘致したんだから加害者であって被害者面をするな」「おまえら原発から金もらってきたんだから責任を取れ」とさんざんいわれた。

そういうこともあって、どうしても放射線量の高いところに中間貯蔵施設をつくらざるを得なくなった。しかし放射線量の低いところでも隔離してきちんと保管しておけば、自然減衰で放射線量は下がっていくので問題がないように思う。ただ、三年以内に地域外へ搬出するという約束をして、県内各地に仮置場を設けて除染を進めてきたから、各自治体から県を通して国に対し搬出を急ぐようにという要請があったということだろう。

二〇一四年九月一日、佐藤雄平知事に連れられて大熊と双葉の両町長が安倍首相と面会に出かけたというので、「なぜ町長が官邸に行っているんだ？」と思った。県は中間貯蔵施設の受け入れを表明したが、町は受け入れの表明はしていない。しかし、すでに国・県・町で調整が進んでいて、県の受入表明に地元の町も同意しているというアピールだったと思う。町民にはまだなんの説明もなく、納得もしてないのに「何の話？」となった。

その後の中間貯蔵施設に対する町民説明会でも、最終処分場にはしないという確約や地上権を認めること、絶対反対とかいろいろな声が出てきたが、現状として避難先にお世話になっている身では受け入れ絶対反対とは主張しづらかった。みんなが生活を営んでいる場所だった土地に受け入れることなどできるわけがない。放射線量も高く、帰れるあても示されないで避難をしている身としては、いかに対象地区の住民に納得してもらえる条件を引き出すしか術がなかった。

誰だって中間貯蔵施設など欲しくはない。三〇年地権者会（三〇年中間貯蔵施設地権者会。門馬〔二〇二一〕）という地主会や別のグループもあって、そういう人たちが環境省と直接、交渉をしていた。個人の財産に関しての交渉に町がどうとかできないので町はその交渉には入っていない。町としては、国は基準をつくって、相手がきちんと納得するような説明をしてくださいという話をするくらいで、それ以上はいえない。ある時点で町長が中間貯

写真 2-20　大熊町に広がる中間貯蔵施設。右奥に福島第一原発が見える（2019 年 12 月 10 日、毎日新聞社）。

蔵施設を受け入れるという決断をするが、現実は受け入れさせられたのも同然だ。

できれば中間貯蔵施設の隣接地に緩衝地帯を設けて、そこにも何らかの手当てをして敷地内外の格差を解消したかったが、どこをどうやっても線引きがでてくるのはしかたないというのが国の姿勢だった。

†七代先の子どもからの借り物

そもそもいちばんの問題は中間貯蔵施設について、土地の賠償額（買上基準額）があまりにも安い。用対連価格（公共用地を取得する場合の損失補償基準）ではない。国の説明も、「全損賠償で終わっています」「原発事故で評価額が下がっている」「事故後の時点での価格だ」という。事故を起こして評価額を下げた張本人が何をいっているのかと思った。

中間貯蔵施設については最終的に、県が上乗せをすることになって、金額的には東電の全損賠償にプラスされることになったが、やはり心情的にはそれでいいのかと疑問に思う。

ある朝突然出ていけと避難させられて、すぐに帰ることもできず、挙句に中間貯蔵施設をつくるから土地を安値で売れといわれている状況だ。代々受け継いできた家や田畑、ご先祖のお墓もあるし、ふるさとが壊されていくのにこれでいいのか。

三〇年地権者会が最終処分場にしないように地上権を持ち出して交渉したのは当然だ。古くからの農家はみんなそうだが、おまえは長男としてちゃんとこの田畑を管理して次の代につないでいくのが役目だと小さい頃から教え込まれていて、それこそネイティブ・アメリカンの「土地は七代先の子どもからの借り物だ」というくらいの気持ちを持っている。

東電は「三つの誓い」（①最後の一人まで賠償貫徹、②迅速かつきめ細やかな賠償の徹底、③和解仲介案の尊重）をすることで国から資金が注入されて黒字になり、職員の給料も元に戻っているが、被害者は避難の継続を余儀なくされている。倫理的にも道義的にもおかしな話だ。

そういう経過があって、大熊町としての中間貯蔵施設の受入表明が二〇一四年一二月になった。どうしてもそれしか選択肢がない。大熊町の復興については、町民の望むすべての道を閉ざさないように努力しますといってきたが、中間貯蔵施設がなければ我々の復興も進まないために苦渋の思いで受け入れた。あの地域の将来を閉ざしてしまった。対象となった地域の皆さんには、犠牲を強いてたいへん申し訳なく思う。

5 これからの大熊町

†副町長――やり残したことが副町長になったら続けられる

環境対策課長を四年半やって、二〇一五年一月一日付で副町長になった。副町長になるとき、町長から一言、こういう時期だから頼むという話があった。

やらなければならないこととしては町民の生活再建支援とか、基礎インフラ復旧もそうだが、いちばんは町民の放射線被曝問題だ。データをきちんとつくっておかないといけないと思っていた。ようやく、だんだん集まってきたので、それをデータベースとして除染検証委員会で確認したかった。その他には、防災計画に今回の事故対応を反映させること。避難継続中の現状では無理もあるが、事故の検証をして、帰還後の防災計画に反映することが、事故を経験した職員の責任だと考えていた。

いろいろありすぎてそんなにできるわけがないと思いながらも、副町長になれば少しはできると思って引き受けた。

あとは職員としての意地だ。県や国との交渉の際にも、はっきり現状を伝えることが必要になる。

ただ、一二市町村（避難指示が出された市町村）の中では、大熊町や双葉町は原発立地町なので原発を誘致した加害者みたいに思われている。他の市町村と県や国との関係と同じようにはいかない。いわきの市民が、「おまえらは加害者なのに金をもらって、俺たち被害者には何もないのか」というのと同じで、立場の違う市町村が顔を並べているところでは何もいえない。

双葉町、大熊町、県、国とで会議をしたことがあったが、「東電に納得してもらえない」といわれたのでブチきれた。原資を出すのは東電かと私はいった。原発事故を起こした東電の職員が普通の生活をしていて、俺たちはこんなにひどい避難生活をしているのに、そんな加害者の連中に、なぜ俺たちは切り捨てられなくてはいけないのか、ふざけるんじゃないといってキレてしまった。そういう出席者が限定された場ではいえるが、一二市町村の中では、いえないことが多かった。

写真 2-21　2013 年 4 月、避難指示が続く居住制限区域内の坂下ダム管理事務所に設置された現地連絡事務所。職員 OB6 人による「じじい部隊」がここを拠点として町内の見守りなどに対応した。

原発事故発生後の国や県の対応につ

いては疑問に思うことが多々あった。たとえばSPEEDIや放射線のデータの件でも、初期対応が問題だったとすれば、どう善後策を講じればよかったのかということをはっきりするべきだ。当時はみんな混乱した中で一生懸命やっていたのはわかるから、結果としてこうなったので申し訳なかったの一言が欲しかった。

写真2-22　東京で開催された大熊町民交流会（2015年1月24日）

†町民アンケート――「これを読んでくれ」

事故にあってからは、毎日何もかもが変わっていく中でどう対応しなくてはいけないかを考え続けなければならなかった。たとえば生業訴訟（「生業を返せ、地域を返せ！」福島原発訴訟）の裁判が判決の中でどうなっているのか、賠償がどういうふうに進んでいるのか、といったことを調べながら、門前の小僧みたいに一生懸命に判例評釈を読んだり考えたりする。

国から来ている文書は文学的な表現で肝心なところの解釈が難しい。それを読み取らないといけない。国から来ている通りに住民に対していえばいいのかもしれないが、私たちが望むように受け取れないものもあり、慎重に読み取って話していかなければならないことも多かった。

たとえば、支援のやり方や補助金の使い方などは隠れて見えないものもある。だから、国から、今度こういうのをやりますよ、どうですかという話が町にきても、なぜこういう表現になっているのかを理解していないと判断に間違いが出てくる。

写真 2-23　帰還困難区域内の中心市街地は事故後 8 年を過ぎても建物が朽ちるまま放置されていた（2019 年 5 月 30 日）

帰還後、賠償が切れた後の町民のセーフティネットをどうやってつくるかが喫緊の課題だと思っているが、本来であれば、国がいろいろな問題の原因をきちんと突き詰めて対策をしておかないといけない。制度設計がそうなっていますからといわれても納得できない。我々は国内難民だから難民条約はどうなっているのかとか、時間が経つにつれて、その段階ごとの問題が出てくるのだ。

大熊町にも経産省や環境省から支援員が来ている。そういう人に対してお願いしてきたことは、大熊町は今こういう状態で、マンパワーが絶対的に不足しているから、大熊の町民を守るために、あなたの力を貸してくれと。我々もこれまであったことを本音で話し、理解してもらわないといい仕事はできない。制度の中でどういうふうに動けるかという知恵を彼らから教えてもらわないと、非日常の業務に追われて調べることができない末端の公務員では十分な解釈ができない。

俺たちはこういう町民の声を聴きながら仕事をやっているのだ、それはわかってくれといって、大学や支援団体などが調査した町民の声などをコピーして、「これを読んでくれ」と彼らに渡した。そうすると私たちの思いを理解してくれて一生懸命に働いてくれる。

国（復興庁）がやるアンケートでは、同一内容の質問で経過を追うことが多く、年々回答率が落ちてきているから、現状の町民の声がわからなくなってきている。町民から「こんなアンケートをいつまでやっているのか」「面倒くさい」と苦情がくる。町としても、帰還するかしたくないかという数字だけに目がいってしまう恐れがある。

帰還できない要因についても、医療介護の問題、放射線に対する不安、原発に対する不安、交通インフラ、買い物問題など、いつも同じ項目が挙げられている。国としてこの問題を解決しないまま何年も放置して、帰還率云々というのは無責任ではないかと思う。積極的にこれらの問題に介入して、帰還したいと思っている人の望みをかなえてほしい。自分の土地や家があっても、自由に行き来できないし、帰って住むこともできないのだから。

一方で、アンケートに自由記述を書いてくれる町民はありがたい。だんだんアンケートの回収率が落ちていく中で、切実な声を拾える。国も県も、回答から得られる町民たちの声を真摯に受け止めて支援してほしい。回答しない人たちの中には、もっとひどい状況にある人もいる。

我々も町民の声を拾っていかないといけない。現実と乖離している政策はある。だから町民が自殺したりもする。基礎的自治体として住民の生命と安全を守るという基本が今はできなくなってきている。そこがやはりいちばん危惧するところだ。

†町が残る――「戦争でも家を差し出せとまではいわれなかった」

制度では救われない人をどういうふうにして救うのかということが大事になる。「放射能の危険があるのになぜ大熊に住民を帰すのか?」とよくいわれるが、国が全部の町民を守ってくれるのなら大熊町がなくなってもいいのかもしれない。しかし、国がそうしないから町が前面に立って町民を守るために存在している。賠償だけでは救われない人のセーフティネットを考えなければいけないのではないのかと国に申し入れている。

我々も町として独自に放射能の測定をし、それを広報紙などで町民にお知らせしている。それを客観的に判断してもらって、帰還するかどうかを決めてもらう。避難指示を解除したからといって、住民の首に紐を付けて引っ張ってこられるわけではない。ただ帰りたい人だけは帰してあげたい。特に、大熊町に帰りたいという年配の人が一番つらいと思う。そこにはこれまでの人生の全てがあると思うからだ。異郷の地で目を落とす無念を救えないつらさをわかってほしい。

住民から電話が来て、「俺は復興住宅ができたら一番に申し込みをするから早く帰してくれ」といわれたことがある。本来であれば、ときどき孫が来たりして余生を幸せに過ごせたはずなのに、原発事故により家族関係もばらばらになって親戚も遠くになり、孤独な人も多くなった。そういった負担を軽くできるセーフティネットとして、町の復興住宅だって交流施設だって建設するしかないと思っている。

地域なり、家族なり、親戚・縁者で守ってもらえた町民が、今はそうではなくて、自殺したり、孤独死をしている。原発事故さえなければ、そういうことにならなかった人たちなのだから、本当に悲惨だ。賠償金が絡んでばらばらになってしまった家族もあるし、金があっても、孤独死や自殺をする人もいる。中間貯蔵施設の予定地にあてられた住民は「戦争でも家を差し出せとまではいわれなかった」と話す。いきなり避難させられて、先祖伝来の土地や住む家まで召し上げられる不条理を、その人たちにどう納得していただけるのか、答えはわからない。

†生活支援——雇用や産業を第一として復興することは間違い

「ふたばグランドデザイン」(二〇一九年七月に双葉郡八町村でとりまとめた将来の双葉郡像)を引っ張っているのは双葉地方町村会。いろんなものをやる計画を描くのはいいが、それだけのニーズやインカムがあるのか。鶏と卵の話になる。そのためにどれだけ住民サービスを削らなければいけないのか。

かつて電源三法交付金で箱もの行政をしてきた大熊町では、維持管理費に無駄な金を億単位で投入してきた経験がある。そういうことはしないようにと諌めている。

町が財政運営をきちっとやっていかないと、これからの住民の生活支援や、避難者との絆づくりなど大切なところができなくなる。これから人口も減るし、ふるさとだと思ってくれる人が時間とともにいなくなる。

大熊町も避難当初は、仮の町を考え、町ごと移動できればよかったが、それは難しかった。双葉町はいわき市内に作った復興公営住宅団地である程度のものができたが、そうなればなったで、その人たちはいわき市民でいてくださいということにならないか心配だ。浪江町もふるさとを守るために「町のこし」ということで復興を進めている。

我々だって、国が全部町民の面倒をきちんと見てくれるのなら、こんな苦労はしなくて

写真2-24　2019年5月7日、大熊町大川原地区に新築された新庁舎へ、避難先の会津若松市から役場が帰還した

もいい。町民同士がいい争いをしながらやることなのかと思う。

国は金を出す施策のメニューを示すだけで、あとはやってくれない。おまえらで決めろといわれても、決められることには限度がある。もっと柔軟性のある制度設計だったらできるかもしれないが、復興のメニューは既存のメニューにちょっと足したような話しかない。

たとえば、いまだに農転（農地転用の手続き）をやろうとすると復興協議会にかかる案件は簡単だが、それ以上は厳しい。放射性物質に汚染されているところがなぜ優良農地なのか。国策で進めた原発が事故を起こしてこの農地を負の遺産にしたのだから、少しでも所有者の生活支援になるような果実を生む制度をつくって助けてくれるのが筋だろうと思う。

雇用や産業をもとにして復興することを第一に考えていたのは間違っているのではないかと思い始めている。今は住宅などの生活再建があってコミュニティが再構築され、平穏な時間を過ごすことができてこそ復興ではないかと考えている。衣食住が確保されても、避難前の生活にはほど遠い精神状況にある。

そもそも、製造業を被災地に誘致してもこれからどうなっていくのか。製造業自体がファクトリーオートメーションとかAIとかやって人が減っていく中で、そんなに雇用機会ができるのか。モノが動かなくなってきて、カーシェアリングとかも始まるとそんなに車の数も要らなくなってくる。ICT（通信技術を使って人がつながること）やIoT（モノがインターネットとつながる技術）で働き方も激変している中で、新たな復興の形も出てくると思っている。

今、被災地に立地してくる企業はほぼ補助金絡みだ。個人の資産形成に税金を使ってはいけないといわれるが、企業はOKという制度設計に違和感を持っている。困っている人や地域のために税金が使われれば納税者も納得する。

子どもの顔も見られずに死んでいく無念さ

国との交渉は事務方で打ち合わせをして、最終的には町長と国の原災本部（原発災害対策本部）とで協議するというスタイルが多い。国の姿勢を見ていると、特定復興再生拠点をつくるまでは国の担当者も町の意向を汲んでよくやってくれたが、やはり風化してきている。二年ごとに担当者が替わる。そのたびに震災の記憶が薄れてきているから、各自治体の復興の状況を理解しない発言が多くなっている。環境大臣と復興大臣も内閣改造ごとに替わる。

避難指示を解除すれば、もう終わったようなつもりでいるのかもしれない。「避難指示が解除されたらあとは面倒を見てもらえなくなるからな」と、先に避難指示解除された別の町の職員にいわれたが、そうかもしれない。

県については、町と同じ立場で国に物申すといってはいるが、被災一二市町村の中で復興のしんがりとなる大熊・双葉の復興の遅れに対してどれだけ力をいれているのか見えてこない。特に双葉郡民が望む医療や介護などの帰還阻害要因に対しての施策は要望と大きくかけ離れている。

福島原発事故というのは世界最大の公害事案だ。国としては東電とともに事故処理に責任をもってあたり、海外に向けても正確な発信をしてほしい。きちんと検証して復興することによって、日本の国威というのはオリンピック以上にあがると思う。これから気候崩壊の時代なので、大規模な自然災害が目に見えて増えてきており、そういう中で原発事故というのは徐々に埋没していくのではないかと危惧している。

いつもいっているのは、東電は好きではないが、福島第一原発構内でがんばっている人たちや、廃炉作業に携わってくれている人たちには感謝している。町のスタンスとして彼らのことを支援するのはあってしかるべきだと思っている。

事故直後から原発事故収束作業に身を挺して入っていった町民をたくさん知っている。死を覚悟しながら原発事故の対応にあたっていた人たちを今後もきちんと守っていかないといけない。実際、私の知人の息子は、事故対応にあたって受けた被曝が労災と認定されたが亡くなっている。葬儀が終わってから彼の初めての子どもが生まれた。労災は認められても、待ち望んでいた子どもの顔も見られずに死んでいくこの無念さをどう思えばよいのだろうか。

ドカンと水素爆発した直後、妻が原発構内に行ってその対応にあたったとか、呼び出されて旦那が福島第一原発に行くときに、奥さんが避難所で泣き崩れている姿などを見てきている。国や東電はそういう人たちをきちんと守っていかないといけないのではないか。私はその中の一人が事故直後に書いた遺書の写しを持っているが、そういった方々には感謝の言葉しかない。

復興を牽引するというイノベ（福島イノベーション・コースト構想）については、除染が進まず、使える土地がほとんど無い大熊町と双葉町では空洞化していて、周辺地域だけが進んでいく。我々はこれからようやく復旧して復興が始まるのであって、この時間の経過と復興ステージには大きな格差を感じざるを得ない。

†これからも続く不安

重要なのはアウターライズ地震（東日本大震災のようなプレート境界型巨大地震に続いて正断層型巨大地震が発生すること）への備えだ。大震災の最大余震が来ていない。これはだいたいマグニチュード8クラスになるはずだといわれているので、その時にどうなるのかというのが、帰還にあたりいちばんの不安になっている。

福島第一原発も強度計算をしながら補強していますから大丈夫といっているが、水素爆発を起こした構造物を限定された要素だけで計算して安全率を掛けても安全だと判断できるわけがないと思っている。だから、アウターライズ地震で何が起きても不思議ではない。そうなったときの避難の準備だけはしておくようにと常々私はいっている。

たとえば使用済み核燃料プールの水が抜けたら大変なことになると、発災直後にアメリカで大騒ぎになった。プールがひび割れないですかと原子力規制委員会に聞いたら、それはないですよとはいわれたが、あくまでも計算上の話ではないか。だから、早く使用済み核燃料を地上の保管プールに取り出してもらいたい。

汚染水を貯蔵しているタンクの中の水が地震で揺られて倒れるかもしれない。すべては最大余震が起こってみなければわからないので安心はできない。また、廃炉についても燃料プールの使用済み核燃料取り出しと原子炉内の状況調査が並行して行われているが、まだまだ未解明なことも多い。ロードマップも当然必要だが、核心に近づけば近づくほど、危険性も大きくなるので、ステップを踏みながら細心の注意をもって安全に進めてもらいたい。まずは、間違っても再臨界を起こさない状況を早急に確保し、安心して作業が進められる環境を作ってほしい。

次の不安材料は子どもの甲状腺がんの問題だ。福島県では県民健康調査を実施して、放射線の健康影響を調べているが、これまで二三七人が甲状腺がんと診断されている。最近は、不安を煽るからという理由で市町村毎の数は公表していないが、大熊町では先行検査で一人、本格検査で二人が確認されており、現在何名になっているかはわからない。チェルノブイリ事故以降、現地では原発事故による甲状腺がんの多発がいわれてきた。福島第一原発事故以前、日本においては一〇〇万人に一人と言われていたものが二〇〇万福島県民の子どもだけで二三七人も悪性もしくは悪性の疑いとなっている。このことは、単にスクリーニングによる過剰診断とか避難によるストレスのせいではないと考えるのが一般的ではないか。ICRP（国際放射線防護委員会）勧告やUNCEAR（原子放射線の影響に関する国連科学委員会）報告などの原子力推進側の話だけではなく、欧州放射線リスク委員会二〇一〇年勧告やベラルーシ、ロシア緊急事態省の報告などもある。バイアスを排除し、透明性のある調査を継続し、追跡していかないと本当の不安払拭にならないと思う。

福島県立医大の「県民健康管理調査の一環としての福島県居住小児に対する甲状腺検査」には、「小児甲状腺がんは年間一〇〇万人あたり一、二名程度と極めて少なく、結節の大半は良性のものです」と記述されている。また、県の部長が「保護者の不安が非常に強い」「一部ヒステリックになっている」「不安を鎮めるのが行政としては非常に重要」「サイエンスとしては余分なことも、安心のためにやらざるを得ない状況」と発言した経緯がある（白石 二〇一七）。福島県民二〇〇万人としても二人から四人という推定と二三七人という実数（漏れがあることを考えれば、それ以上に発症していることになる）との違いについて、科学的に解明できなければ、発症者に対する支援があやふやのまま放置されることになる。

†被災者支援への不安

披災者支援の今後についても不安がある。子ども被災者支援法（東京電力原子力事故により被災した子どもをはじめとする住民等の生活を守り支えるための被災者の生活支援等に関する施策の推進に関する法律）二条では、基本理念の一つとして「支援対象地域における居住、他の地域への移動及び移動前の地域への帰還についての選択を自らの意思によって行うことができるよう、被災者がそのいずれを選択した場合であっても適切に支援」することになっている。

しかし、避難指示が解除されると解除区域の住民は一年後には自主避難者とみなされ、住宅支援が打ち切られていく。避難に伴う月一〇万円の精神的損害賠償も二〇一七年六月以降は一括賠償されたが、二〇二三年二月までの分でしかない。それよりも早く避難指示が解除された地域はいいとしても、未だに解除の見通しのない帰還困難区域の住民は、それ以降どうなるか不明のままである。

原発事故前であれば地域のつながりも強く、野菜や魚などのおすそ分けや共同作業、結いなどがあり、あまりお金を使わないですむ生活ができた。しかし、避難先ではすべてお金で購入する生活に変わってしまい、国民年金や農業者年金などの収入だけでは生活できず、貯蓄が底をつくのは時間の問題となっている。

避難指示解除するまでの間は「避難中」なので、生活支援は当然あってしかるべきだが、原賠審（原子力損害賠償紛争審査会）は四次追補（東京電力株式会社福島第一、第二原子力発電所事故による原子力損害の範囲の判定等に関する中間指針第四次追補）以降、指針の改定を行っていない。普通の生活をしていた住民が原発事故によって生活保護を申請せざるを得ない状況にしてはならない。

避難指示解除の要件である年間被曝線量二〇ミリシーベルト以下についても不安がある。

長期的には一ミリシーベルト以下を目指すといってはいるが、長期的とはいつを指すのかわからない。単純計算で行けば五年で一〇〇ミリシーベルトにもなる。

福島において前述した甲状腺がんや白血病、心筋梗塞などの病気の発生が増えている。放射線作業従事者ではない一般人にとって、人工放射性物質による被曝線量はあってはならないものであり、可能な限り低くするべきではないか。

原因がわからないときは予防原則に従うべきと思うが、リスクマネジメントという放射線防護活動には経済・社会的要素が導入されており、その根拠となるものはICRP勧告でしかない。住民からすれば被災地に住みもせず、リスクを取らない輩の無責任な話ではないかと思う。

年間被曝線量の限度について、ICRP勧告では五ミリシーベルト（一九七七年勧告）から一ミリシーベルトに引き下げられた（一九九〇年勧告）。その後、二〇〇七年勧告で一～二〇～一〇〇ミリシーベルトと三つの区切りが状況別に示された（事故収束後の復旧期、緊急事態期）。さらにこの勧告の適用について、汚染地域内に居住する人々の防護の最適化のための参考レベルは一～二〇ミリシーベルトの下方部分から選択するべきと二〇〇八年に述べていて、上限二〇ミリシーベルトとはいっていない。「数値が独り歩きし、混乱を生じている」と話す人もいるが、このような経過を踏まえれば、勧告と現状を無理に合わせようとしていることが、そもそも間違いだと思っている。

特に放射線の感受性の高い子どもに対しては、小佐古敏荘内閣官房参与が学校現場での年間被曝線量二〇ミリシーベルト上限に抗議して「自分の子どもをそういう目には合わせたくない」と辞任したことが記憶に残っている。当然、子どもの帰還にあたっては、そういった知見も参考にして、大切な子どもを守っていかなければならない。

†これからの復興に望むこと

大熊町の復興は、カーボンニュートラル（環境中で二酸化炭素の排出量と吸収量が同じであること）やSDGs（持続可能な開発目標）を考慮した街づくりをコンパクトに進めている。住民が生活していく上で必要なものだけをまず進め、足元を固めてから少しずつ広げていく。華美なものはつくらず、ハードよりソフトに重きを向け、住民の声に耳を傾けながら協働で町を作ってほしいと思う。

大熊町では、以前、農協の合併があり、その際に本来なら内部留保を組合員に分配してから対等合併するべきところ、そのまま持参金代わりに内部留保を差し出し、結果として他の農協の負債の弁済に使われてしまったことがあった。その上、合併後の農協からは従前のようなきめ細かいサービスがなくなってしまった。

他町村では人口減少と財政収入の減少で町村合併の話が出てきてはいるが、農協の合併経験ばかりではなく、平成の大合併は住民にとって規模拡大のメリットよりも弊害が大きかったように見える。震災の対応についても、同様の声が聞こえた。

これまで原発や中間貯蔵施設の受け入れなど国策に協力し翻弄されてきたが、さらに住民に犠牲を強いるような行政であってはならないと思う。住民の避難先での定住が進み、帰還住民や新規移住町民、地元立地企業との対応など、住民サービスが時間とともに変化していく。長期避難で人口も減り、震災前に潤沢にあった原発補助金・交付金もいつまでも続くわけではない。財政基盤が危うくならないうちに、補助金・交付金行政体質から脱却し、自立できるように復興すれば、将来にわたって町独自の住民支援は続けられると思う。

廃炉、放射線被曝、トリチウム水、除染、帰還困難区域、中間貯蔵施設、風評などいろいろマイナスイメージの言葉がついて回るが、帰りたい人が自己判断で帰れる環境ができつつある。地震と津波による直接死は一二名であるが、故郷を追われ、異郷の地で目を落とされた震災関連死は一二八名を数える。このような披災者が増えないように、物心両面の支援と安心して帰還できる環境の整備を国に求めたい。

事故を防げなかった世代の責任として、また、これだけ辛く長い避難生活を強いられた町だからこそ、なお続く避難生活への支援を充実し、子々孫々に負の遺産を引き継がせないように町土を再生し、子どもたちには誇れる復興をしてほしいと願っている。

＊本章は、二〇一七年一〇月一三日、二〇一八年一〇月二六日、二〇一九年二月一七日の三回にわたる自治総研・原発災害研究会によるインタビューをもとに、今井照が再構成したものであり、文責は今井にある。

第三章

浪江町で起きたこと、起きていること

宮口勝美

稼働から2年余り後の福島第一原発(1973年9月1日、毎日新聞社)。

宮口勝美（みやぐち・かつみ）
浪江町前副町長。原発事故時は浪江町議会事務局長。その後、復興推進課長を経て定年退職後に、二〇一五年一〇月から二〇一八年八月まで副町長。

1　原発で変わった町――原子の火・地震・津波・避難

†原発ができた頃――原発に行けば現金が入ってくる

生まれは北海道の名寄市で、父親が自衛官だったので北海道を転々としていた。浪江町には父の実家があった。私が小学校二年のときに、父が宮城県の大和駐屯地に転勤になり、転勤先でいっしょに暮らすか、それとも祖父母の住む浪江町に行くか、「さあ、おまえはどうする」と選択を迫られた。今から考えるとひどい話だ。

父の転勤の都合で学校を変わるのはもう嫌だといって、祖父母とともに浪江町で暮らし始めた。実は父も同じだった。私の祖父が営林署勤務で、群馬県や長野県とかの転勤族だったから、父もやはり小学校二年のときに父の祖父母のところによこされた。同じことを私も経験することになった。

そこから、地元の苅野《かりの》小学校、苅野中学校、県立双葉高等学校を出て、東京の日本大学文理学部の地理学科を卒業した。正直いって私は浪江町には帰って来たくはなかった。だが、長男だし帰ってこいと祖父にいわれて、「勤めるところもないのになんで」と思っていた。そこで役場の試験を受けてみないかといわれ、試験には受かったのに一〇カ月も待たされて、一九七八年二月から勤め始める。

私が小学生だった頃、浪江町では、鉄道よりもバスのほうに勢いがあって、国鉄（現在のJR）もバスの大きい営業所を持っていた。町中にも路線バスが走っていたし、福島市まで直通の国鉄バスもあった。営林署もあり、町の中には官公労働者が多かった。

一方、その頃の浪江町は農業が中心だったので、本当に所得も低くて、出稼ぎに行かないと暮らしていけなかった。同級生の家も、秋の稲刈りが終わったら、あるいは正月が終わったら、父親が出稼ぎに行って、次の田植えの頃までに帰ってくるというのがあたりまえだった。

私が中学生になる頃に大熊・双葉原発（福島第一原発）の建設が始まる。原発は建設のときから人が必要になる。そのおかげでみんな出稼ぎに行かなくて済むようになった。高校生になる頃には町が変わるのを実感していた。私は双葉町の高校に通っていたが、新しい体育館ができたり、公共施設がよくなってくるので、「へえー」と思いながら見ていた。

原発ができるまでは、田んぼが忙しくなると、町のお店だとか工場でも、「ちょっと休むから」といえた。ところが原発の工事現場だと「今日は田植えだから休みます」「ふざけるんじゃない！」という話になる。それで農繁期、農閑期というのがなくなった。

だから農業の機械化が進む。そんなに大規模な農業ではないのに、耕運機の導入率がやたら高くなった。農機具屋さんがうまく商売をしたのかもしれないが、現金収入があるからそういうものを買えるようになったのだ。原発建設以前の現金収入は、養蚕とタバコくらい。それが、原発に行けば月なり週なりで現金が入ってくる。そういう魅力も原発建設にはあった。

大熊・双葉の原発とほぼ同時に、浪江町にも東北電力の原発建設計画の話が起こる（浪江・小高《おだか》原発）が、こちらには反対運動があった。大熊・双葉の原発に反対運動があったかどうかは、地元ではないのでよくわからない。

もともと大熊・双葉の原発の敷地は西武（西武グループの国土計画興業）で持っていた。そこを原発用地として東電（東京電力）が買ったという経緯なので、正直、地元からの誘致ではない。上で決めてどんどん来たので、住民がどうのこうのいえるという感じではなかったと思う。

「原子の火」が来るというキャッチフレーズに踊らされたところもある。怖いという気持ちはあっても目に見えない怖さなので、当時はまだそこまで意識をしていなかった。

私が高校生の時に大熊・双葉原発の一号機の運転が始まり（一九七一年三月二六日）、役場に入った後の一九七九年には六号機までのすべてが稼働した。役場にも原発推進室のような組織があったが、そこは東北電力の浪江・小高の原発担当で用地交渉に当たったりしていた。浪江・小高原発の建設計画が白紙になるのは、今回の原発事故の後だから、最初から考えると五〇年くらいの年月が経過したことになる。

†原発担当だった頃——これで実際に事故が起きたときに対応できるんですか

正確な数はわからないが、家族や親戚を含めれば、原発関連の仕事をしたことがない町民はほとんどいなかったのではないか。それくらい多かった。そういう意味では浪江町も立地自治体（福島第一原発でいうと大熊町、双葉町、福島第二原発では楢葉町、富岡町のこと）とそう変わりはなかった。

原発事故前は、たとえば県立小高工業高校を出て即、東電や関連企業に入るという人がいっぱいいた。あるいは、いったん都会で就職しても、それを辞めて原発関連の会社で働

	18時25分	浪江町昼曽根地区以東避難者を町バス等により津島地区移送
3月13日	4時00分	災害対策本部（20km圏内の避難状況）
3月15日	4時30分	災害対策本部（二本松市への再避難決定）
	7時30分	町長・議長が二本松市長へ受け入れ要請
	10時00分	災害対策本部・避難所・行政区長合同会議
	13時00分	津島地区から移動開始（二本松市内17カ所）
	21時00分	災害対策本部、二本松市役所東和支所に移転
3月19日		東和支所に仮設津島診療所設置
3月30日		緊急議員集会
4月4日		議会、国・東電等へ要請行動
4月5日		2次避難開始（212カ所、5,500人）
4月22日		国、警戒区域等設定
4月26日		2次避難連絡所設置（猪苗代、岳、土湯）
5月7日		仮設住宅入居開始（最終的に町管理31カ所）
5月9日		馬場町長「暗中八策」を示す
5月23日		福島県男女共生センターへ仮役場移転
6月8日		議会事務局、安達地方広域行政組合自治センターに移転
7月29日		復興ビジョン策定第1回庁内ワーキング開催
10月19日		第1回浪江町復興有識者会議開催

2012年

4月19日	浪江町復興ビジョン策定
10月1日	平石高田工業団地内に仮役場移転

2013年

4月1日	帰還困難区域・居住制限区域・避難指示解除準備区域への区域再編

2017年

3月31日	居住制限区域・避難指示解除準備区域について避難指示解除
4月3日	浪江町役場本庁舎で執務全面再開（二本松市から移転）
6月30日	幾世橋住宅団地（災害公営住宅）入居開始
12月22日	特定復興再生拠点区域復興再生計画認定

■浪江町のあらまし

浪江町人口（人口推計）、世帯数

	人口	世帯数
2011年3月11日現在	21,898	7,671
2020年11月30日現在	16,748	6,816
増減	△5,150	△855

町内居住者数　1,529人（2020年11月末日現在）

福島県内居住・避難者数　14,053人（2020年11月30日現在）
・いわき市3,180人、福島市2,442人、南相馬市1,980人等

福島県外居住・避難者数　6,063人（2020年11月30日現在）
・茨城県980人、宮城県913人、東京都791人等

■浪江町震災関連年表

2011年

3月11日	14時46分	地震発生、災害対策本部設置
	14時49分	大津波警報発令、沿岸住民に避難勧告、避難所（18ヵ所）設営
	15時10分	町職員・消防署員より倒壊家屋・道路陥没等状況報告
	19時00分	災害対策本部会議（津波避難確認等）
	23時05分	災害対策本部会議（避難者支援、捜索活動等）
3月12日	5時44分	国、10km圏内避難指示
	6時07分	災害対策本部会議（10km圏外への避難）
	8時02分	町民避難用のバス依頼
	8時40分	バス3台により各避難所から10km圏外へ町民移送開始
	11時10分	10km圏外への移送ほぼ完了
	13時00分	災害対策本部会議（津島支所への本部移転決定）
	16時45分	災害対策本部を津島へ移転完了（避難所18ヵ所）
	18時10分	災害対策本部会議（津島地区の避難所の状況）
	18時25分	国、20km圏内避難指示

くという人も多かった。

浪江町のにぎわいにも、原発の影響がある。繁華街には飲食店が多くて一〇〇軒以上あった。つぶれても、すぐ次の店が入る。公共施設はよくなるし、下水道も完備していた。今回、避難して他の町に暮らすと、街なかでも下水道のないところがあってびっくりする。「浪江町はなんてすごいんだろう」と再認識した。

でも原発関連で直接、町としてお金をもらっているのは、いわゆる広報交付金だけ。立地自治体のように固定資産税がどんと入ってくるわけではないので、自由に使えるお金は少ない。双葉郡の中で浪江町は人口も多く、面積も広いので、何をやるにも他の町村よりはお金がかかる。隣接する立地自治体が何か新しいことをすると、住民からは「浪江もやれ」といわれる。だから町の財政はお金の工面がたいへんだったと思う。

私自身が原発関係の担当になったのは企画調整課の係長のときで、ちょうど大熊町にオフサイトセンターができた。訓練を兼ねた見学会があったので行ったことがある。そしたら、入口には風除室もない。「えっ、これでオフサイトセンターなんですか?」「こんなので放射能から守れるんですか?」と思わず私は聞いた。そもそも原発から近すぎる。

今回の事故でも問題になったように、換気扇だって普通の換気扇だった。「これで実際に事故が起きたときに対応できるんですか?」といったら、「事故なんかない!」といわれた。オフサイトセンターができて、みんなが喜んでいるときに一人で文句をいっていた。オフサイトセンターの訓練というのは、各町村から何名か呼ばれる。そこで、事故が起きた原発周辺へ放射線量のモニタリングに行く班とか、いろんな班に分けられて作業をする。そういう訓練は毎年やっていた。

役場からは、副町長と企画調整課の原発担当の二人が行かなければならないことになっていた。だけど、実際に事故が起きたとしたら、浪江町から見て事故が起きて危険な方向に誰が行くものか、という話を役場内ではしていた。訓練だから行くが……。

モニタリングをやる県の職員も来なければいけない。ところが、訓練のときにも、「今日は出張で行けません」という人がいる。これでいざというときにまともに動くのかなというのはすごく思っていた。

訓練のときには、オフサイトセンターと各町村の役場とをつないでテレビ会議をやる。ところが、立地自治体には常時テレビ会議の設備があるが、浪江町のような隣接自治体には平時は何もない。だから訓練になるとその都度、大きいテレビモニターを持ってきて役場にその装置を取り付ける。

だけど、なんだかんだ調整しながらやるので設置するのに一週間近くかかる。こんなことをやっていたら事故対応に間に合わないだろうという話をずっとしていた。震災前には

写真 3-1　取り壊し直前のオフサイトセンター（2019年 5 月）

写真 3-2　退去したままの姿が残るオフサイトセンター内部（2013 年 11 月 19 日、毎日新聞社）

ようやく常設されたが、訓練のための訓練になっていた。

一方、備蓄品や装備してある車などはすごく自慢していた。これだけ備蓄しているんだぞとか、こんないい車があるんだぞとか、測定器はこんなにいいのがあるんだぞと自慢はするが、それ以前の問題でしょうと、ずいぶん疑問に感じていた。

実際、今回、モニタリングポストも放射線量の測定ができなかった。地震が原因かもしれないが、うちの役場のものも電源が落ちていたし、オフサイトセンター自体も停電で止まっていたから、あのときの記録が取れていない。電気は停まらないという前提で何もかも計画されていた。本気で事故が起きたときのことを考えていたのかなと疑問に思う。

原発に何らかのトラブルや事故があったときには、東電から説明に来る。それもまずは立地自治体が先で、浪江町のような隣接自治体には忘れた頃にぽっと来て、わっと説明して終わり。

福島第一原発でシュラウドのひび割れがあったとき（二〇〇二年発覚の東電トラブル隠し）も、こんな重大なことをこの程度のことで済ませるのかという危機感があった。こんなにすごいことが起きているのに、公表されている中身はそこまでいってないよなと思った。

トラブル隠しのこともいつのまにか消えてしまい、次にプルサーマルが始まる（原子炉で使用した後の使用済み核燃料を再処理して取り出したプルトニウムとウランを混ぜた燃料を原発で使うことで、危険性が指摘されていた）。それに反対していた当時の佐藤栄佐久知事（在任一九八八〜二〇〇六年）は、二〇〇六年九月に実弟が関与した汚職事件の追及を受け、五期目の任期途中で辞職した。後日、自身も収賄の容疑で逮捕され、検察に引っ張られた。

そういった流れもずっと見てきているので、原発の中身については信頼ができない。一方、出稼ぎをしなくて済むようになった、年がら年中父ちゃんがいてくれるという恩恵もあった。公共施設や文教施設も良くなった。ただ、その恩恵を秤にかけても、今回の避難でふるさとに戻れなくされたということとは比較にならない。そういう意味では、反対とか賛成とかで済む話ではない。

†三月一一日一四時四六分——四階の窓から津波がくるのが見えた

議会事務局長だったので、地震の瞬間は役場の四階にある議会にいた。ちょうど三月定例会の休会中で全員協議会（全協）の最中だった。議員定数の削減問題が佳境だった。それまで一年以上も議論をしてきたのになかなか結論が出ない。翌年に議会が改選だったので、この三月議会で絶対に議員定数条例の改正案を出すんだと、最後の激論を繰り返していた。

侃々《かんかん》諤々《がくがく》、そろそろまとまりそうかなというときに、ぐらぐらっときた。だから結論が出ないまま全協はそこで終わって、まずは自分の家をしっかり見てこいということになった。定例会自体も流れたため、新年度の予算も決まらないままだった。

地震直後に災対本部（災害対策本部）が立ち上がり、職員は被害状況の確認などの班に分かれた。津波もまだその時はきていないので、産業振興課や建設課などの土木関係と、民生部門では要支援者がいる施設関係などへ地震の被害調査のために職員は出動していった。まだ原発のことは全く頭にない。

その時私は管理職なので災対本部の一員だったが、組織的に議会事務局は役場本体とは独立して考えられていたので、特に割り振られている仕事がなかった。だから四階の議会事務局の窓から海岸線を見ていたら津波がくるのが見えた。一五時四〇分頃、いちばん大きい第三波がきた。花火のナイアガラみたいに、白い煙がスーと横に流れたように見えたので、火がついたのかと思った。そのあと黒くなって鏡みたいになった。

「あれ、なに？」とつぶやいたら「津波だべ！」って横からいわれて、ああ、そうなんだと思った。木がばたばた倒れていった。庁舎から海までは三キロから四キロほどあるが、津波のあとに海が見えたときにはびっくりした。

写真 3-3　浪江町請戸地区（2011 年 3 月 11 日 16 時 51 分）。中央やや右側の建物が請戸小学校。

写真 3-4　浪江町と双葉町の町境の高台にある諏訪神社境内で、津波から逃れ救援を待つ住民たち（2011 年 3 月 11 日 23 時 54 分）

その時は、たまたま漁協の事務局のメンバーが来ていて、津波に備えて沖に出た船もいるという話を聞いたりしているときだった。津波の警報が出て、避難しろと声をかけるために広報車も出ていた。ただその車も実際はバックミラー越しに津

■請戸小学校の避難

○請戸小学校は浪江町の請戸集落の端、海からは200メートルほどのところにあった。地震があったとき、1年生はすでに下校していて、2年生以上の82人と教職員13人が学校に残っていた。

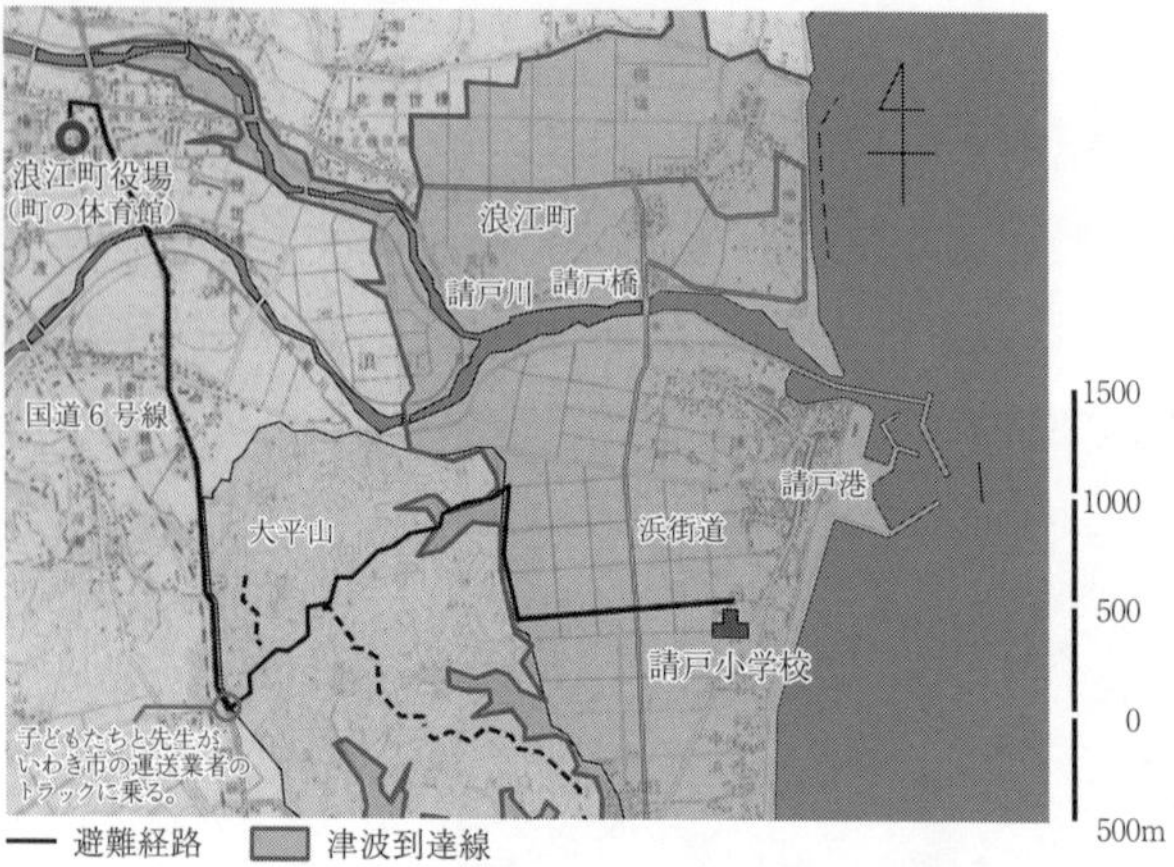

○地震直後の14時54分、校庭に集合した児童と教職員は大平山の山際に向けて走り出した。車いすの児童もいた。途中の浜街道は避難する自動車が行き交っていたが、何とか車を止めて渡る。

○途中、保護者が児童の引き取りに来たが、その場では渡さず避難を続けた。山際に着いたが登り口が見つからず、地域の人や児童のアドバイスで細い山道に入り、高台に向かった。その背後で津波が町を飲み込む音が聞こえた。

○15時40分ころ大津波が襲来し、請戸地区全域が壊滅状態になった。近隣を含めて津波の直接死は181人だった。

○大平山を上って下り、16時30分ころ国道6号に出た。雪もちらついてきた。町役場に救援を求めに出た先生が戻る前に、大型トラックが座り込んでいる児童を見つけ、全員を荷台に乗せて町役場まで運んでくれた。

○町役場に隣接するサンシャイン浪江（体育館）に避難する。だが、その翌日、原発事故による避難指示で、浪江町からも長期間にわたって避難することになる。

《参考》『請戸小学校物語　大平山をこえて』NPO団塊のノーブレス・オブリージュ　https://ukedo.com

波に追いかけられて命からがら逃げてきた。

地震での倒壊はそんなにはなかった。街なかでは古い建物が何軒かやられているくらいで、ひどく壊れて全壊というのは何軒もなかった。その後、長期避難になって経年変化で建物も崩れてくるが、当初、街なかでは地震の被害は数件しかなかった。

ただ、庁舎の四階から離れて見ているから、あそこにあった請戸《うけど》や棚塩《たなしお》の集落がほとんど壊滅するというイメージが持てなかった。波がきてかぶったなというくらいで、建物がすっかりなくなっているというふうには思えなかった。海沿いの防風林がなくなっていくのを見て、「わっ、怖い！」とは思ったが……。

一七時前には、請戸小学校の子どもたちが津波から逃げ延びて、泥だらけのまま役場のロビーに避難してきたところにも出くわした。

次の日から原発避難になって、その後、町内全域が立ち入り禁止になるので、津波に飲み込まれた請戸地区に実際に行ったのは、議会で現場を見に行った八月か九月。初めて行ったときは一面のセイタカアワダチソウと河川堤防に打ち上げられた漁船や瓦礫の山が衝撃的で本当に何もいえなかった。

†三月一一日二一時——まさか自分が逃げるとは思わなかった

夜になって手がすいたので、背広から作業服に着替えるために一度家に帰った。家は停電だった。ちょっと先に行くと電気がついているところもあるが、家の近くは全部停電だった。隣の農家では農機具などを入れておく古い小屋が倒壊していた。家の大谷石《おおやいし》の塀も倒れていて、車もやっと通れるくらいだった。

妻は大熊町に勤めていたので、帰ってくるのがたいへんだったらしい。でも、何とか私より先に帰ったようだ。すぐ近くの苅野小学校が津波と地震の避難所になっていたので、家にある要らない毛布を全部集めて届けてから役場に戻った。まさかその後自分たちも逃げるとは思わないから、「毛布、毛布!」といって集めて避難所に持っていった。

役場も停電していたが、自家発電が動いていた。ただ、役場の近くの新町通りは電気がついていた。浪江小学校も電気が通っているといっていた。だから、町全体が停電しているのではなくて部分的に停電していた。

その日は役場の四階の議会事務局に泊まった。自家発電で役場の各部屋に一ヵ所だけ通電できるところがあるので、そこでテレビは見られた。ただ、テレビでは宮城県内各地の津波の情報ばかりで、黒い水が仙台空港を飲み込んでいく映像が繰り返し流れていた。原発のことには思いも至らなかった。

次の日の朝早く（六時七分）、テレビで第一原発の避難指示が一〇キロ圏内に広がったのを知って緊急に災対本部会議が開かれた。浪江町の中心部も一〇キロ圏内にあったから役場も町民も避難しなくてはならない。

でも実は私は庁舎の四階の議会事務局で寝ていたので、誰も起こしてくれなかった。私はその会議が終わってから二階の災対本部に降りていったので、何がなんだかわからないまま、「町民が来るからバスに乗せろ」「ん？」という感じだった。

本当は、その日には津波被災者の捜索に出るということだった。それは前の日の夜に確認していた。そしたら全然その話はなくて、これから住民が来るからバスに乗せろ

写真3-5　2011年3月11日18時40分の災対本部のようす。左から2人目が当時の馬場有町長（1948年生まれ。2007年12月から町長。3期目中途の2018年6月27日、町長在任中に逝去）。

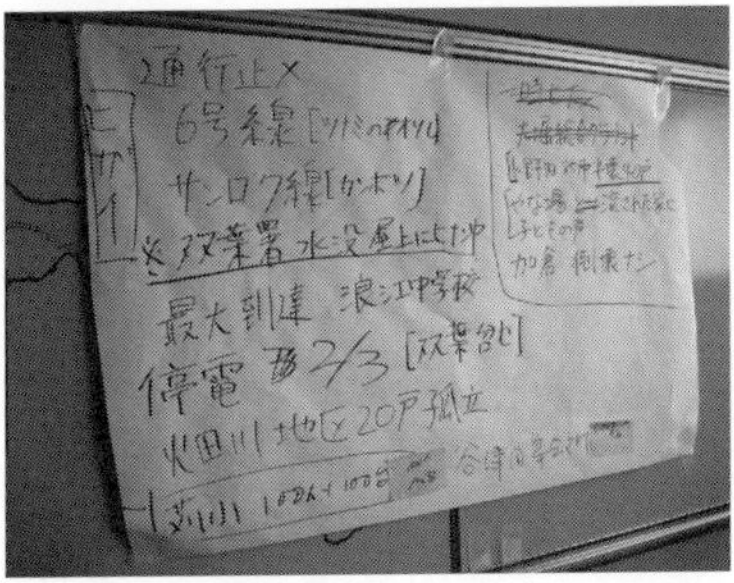

写真3-6　災対本部のホワイトボードに貼られていた津波被害状況の報告

ということになっていた。朝の災対本部会議に出ていなかったので「えっ？」「何があったの？」というのがその時の私の気持ち。大きな声ではいえないが……。

†三月一二日六時七分――「浪江がいなくなった」

一二日の朝になって初めて原発事故が身近な話になった。それでも、まだ、何年も帰れなくなるとは思っていなくて、二～三日すれば戻れるよねという感覚だった。

まずは浪江町の中の津島地区に避難することになった。津島に避難させようと決めた災対本部会議の場にはいた。最初は北に行こうという話もあった。ところが南相馬市も相馬市も津波にやられているという情報があったので、被災したところにお世話になるわけにいかんだろうと北方向がなくなった。南方向は当然、原発があるのでだめだと。だから西方向しかない。

西には津島に町の支所があった。自分の町内のほうがコントロールしやすいということもあったし、当時は一〇キロ圏内の避難指示だったので、津島は第一原発から三〇キロも離れているから心配ないよと、役場機能のことを考えて津島と決まった。

その時も県庁との連絡はとれていない。だからあとから聞いた話では「浪江がいなくなった」「空白の時間があった」「二日間、全く浪江町と連絡がとれなかった」と県庁ではいっていたらしい。

立地自治体みたいに関東からバスが派遣されて来るわけではない。バス会社のバスが来たという記憶はない。だから、自前のマイクロバスを使ったりした。二万人の住民に対して確保できたバスは三台。

津島までは普通なら三〇分、往復しても一時間だが、その時は渋滞して片道三時間もかかった。「次の便で乗せるから待っててね」といわれたのに、バスが戻って来なかった津波や地震の避難所が何カ所かあった。

そこを担当していた職員の中には、住民からは責められるし、連絡も取れないので、自分たちは原発に近いところへ「置いていかれた」「捨てられた」という気持ちになって、その後に心に深い傷を負った者もいた。

津島地区は周辺を含めても住民が一五〇〇人余りで、そこに数千人の住民がどどーっと入った。津島に開設された避難所は学校や公民館など一八カ所。早いうちに行った人たちは何とか避難所に入れたが、小学校も中学校も避難した町民の車で校庭がびっしり。つしま活性化センターの庭も全部びっしりだった。だから川俣町へ、福島市へ、郡山市へということで避難先が広がっていく。

福島第一原発と第二原発が立地している四町では、早い段階から原発にいた東電の職員

写真3-7　避難するバスに乗るために浪江町役場に集まってきた住民たち（2011年3月12日7時5分）

写真3-8　浪江町中心部から津島地区へ避難する車列（2011年3月12日15時34分）

が連絡員として来ていたようだが、浪江町は隣接自治体なので、東電が来たのはずいぶん遅かった。事故前に東電と浪江町とで協定を結んで、事故があったら東電から連絡をするということになっていたのに、実際には連絡がなかった。

もう少し後の話だが、隣町の川俣町の避難所に東電の役員が初めて来たとき、「なに突っ立ってるんだ。土下座しろ！」と浪江町の住民がいって、それがテレビで放送されて、浪江町の人たちはなんてひどいことをさせるのかとさんざん批判された。でも、住民の思いからしたらわかる。故郷や日常生活を奪われたわけだから。

避難の決断は一二日の朝なので、隣接自治体としては結構早かったが、実際にバスが来たのは九時近かった。町民の避難が終わったと思って最後に役場の鍵を閉めて出たのは一五時過ぎ。誰も残ってない。張り紙をしただけ。だから、役場ごと避難したのを知らなかった人は、役場にぶん投げられたと怒った。俺たちのことを置いていったと。もちろん朝からずっと広報はしている。でも、「聞いてない」といわれると終わりだから。

†三月一二日一七時頃――居眠りをして車をぶつけた

最後に役場の鍵を閉めた場に私もいた。残っていた職員を四人、自分の車に乗せて津島支所に向かった。実は途中で居眠りをして車をぶつけてしまった。雨も降っていた。なにしろ渋滞で進まない。津島に入ってから支所まであと一キロもないところまで来て、まもなく着くなというときに、前の車と一メートル半くらい離れてしまい、接近しようとしてスピードが出てドーンと追突した。私の車の前部がガバッと盛り上がってしまった。同乗しているメンバーは、みんな前の夜は寝ていないから疲れて眠り込んでいて、誰も危ないっていってくれなかった。ぶつかって初めて「おっ」とみんなが起きた。「えっ？何があったの？」と。

相手の車は乗用車だったが何でもなかった。その車の人も知らない人ではなかったので、落ち着いたら直してねということでその場は済んだが、本当にひどかった。何とか走ればいいやと思って、ゆっくり行ったが、着いてもかっこ悪くてみんなから見えるところに置いておけないから、支所の脇に隠した。

津島支所に着いたときはもう暗くなっていた。津島地区では電気が通じていた。テレビも見られたが、もともとNHKと民放が二〜三本しか入らないところだから情報量は少なかった。

まずは食料の確保がたいへんだった。各農家を回ってお米を出してもらって、精米して炊き出しに回したが、津島に入ってきている人が多すぎて、おにぎり一つを二つに割って食べてもらうような状態だった。

津島地区内の避難所に全部で何人いて、どのくらいの食料が必要ということはわからない。活性化センターや小学校の建物の中にいる人数はつかめる。ところが、校庭の車の中にもぎっちりいる。そっちは数がつかめない。夜だからなおさら。だから炊き出しになると二倍にも三倍にもなって人が来る。それがたいへんだった。

炊き出しをしたのは基本的に役場職員。支所、学校や公民館、保育所などの調理施設を使った。地元の個人の住宅にも多くの町民が避難していた。二〇人も泊めた家があったらしい。だから、そっちはそっちでたいへんだった。親戚どころではない。顔を知っているというだけで入り込んだ人もいっぱいいたらしい。

次の日（一三日）の朝になって「こんなにいるの？」とみんなびっくりした。一二日は雨が降っていたが、一三日は青空で、みんな朝からすることがなくて散歩をしていた。道路をぞろぞろ歩いている。どこから来たのというくらいすごい人数だった。

津島支所でも災対本部会議を定期的に開いていたが、一三日の段階では評論家がしゃべっているみたいで、みんな自分事ではない。「これからどうする？」「これだけの人を連れていくといったって行くところないべ」とか、人によっては、「ビッグパレットふくしま（郡山市にある展示施設）あたりに行かなきゃだめだ」「あづま総合運動公園（福島市にあり、大規模な体育館があった）に行かなきゃだめだ」などといろんな話はあったが、現実的にまだぴんときていないところがあった。

写真 3-9　津島地区のようす（2011 年 3 月 12 日 13 時 47 分）

写真 3-10　津島地区の避難所（2011 年 3 月 14 日 10 時 3 分）

後から怒られたが、津島に逃げるときに役場から放射線の測定器を持っていかなかった。本庁舎にあったのだが、「三〇キロ以上離れているのだから心配ないよ」というくらいの感覚しかなかった。

県警が白装束（防護服）で津島に来たので、「おまえら、そんな格好したらみんな怖がるから脱げ！」とまで我々はいっていた。県警は放射線量の状況がわかっていた。でも、放射線量の話は我々には一切しない。

2　転々とする役場――津島から東和へ

†三月一四日二一時過ぎ――「どこさ行けばいいんだ！」

一四日の二一時過ぎ、津島地区に隣接する葛尾村から全村避難するという防災無線の放送が聞こえてくる。その後、葛尾村の人たちが次々と津島を通って避難していくのを浪江の住民は目の当たりにする。そこで「浪江町はどうするんだ」と住民はパニックになった。あとで聞くと、大熊町にあったオフサイトセンターから職員が福島市に退避したという情報を受けて、葛尾村では全村避難を決断したらしい。

そこでいよいよここも危ないとなって、一五日早朝四時三〇分からの災対本部会議で、津島からさらに二〇キロ以上離れた二本松《にほんまつ》が空いているのではないかということになった。議長と町長が二本松市長のところに避難者を受け入れてもらえるようにお願いに行った。

一五日の朝に、建設課長と私が先遣隊として二本松市に行ってこいといわれる。二本松市の庁議で我々の受け入れ先がどこになるかが決まるので、ろくに電話が通じないので直接行けと。受け入れ先を確認したら戻ってきて町民の避難先の割り振りを決めて、またそこに行けという話だった。

ただそれは建設課長がそういう命令を受けていただけであって、私は建設課長に「ちょっと暇か?」と聞かれて、「暇だ」といったら、「いいから乗れ」といわれて車に乗せられ、「どこに行くの?」と聞いたら「二本松に行く」といわれただけ。だから「こういうことで今から行くぞ」という話ではなかった。たまたま二回か三回、災対本部会議に出ていないことがあって、その時の決定事項がわからないままに動いていた。

こうして車で二本松市役所に行った。我々が着いたときはもう二本松市役所の庁議は始まっていたが、すぐに呼ばれて庁議であいさつをし、二本松市に合併した旧東和町《とうわまち》で受け入れてもらえることになる。東和地区には旧東和町役場が支所として残っていて、廃校になった学校などが何カ所かあった。

お昼を食べて帰ろうと思ったら、二本松市役所のホールが浪江町の住民でいっぱいになっている。いわきナンバーの車がどんどん二本松市役所に入ってくる。駐車場があふれて、周囲の道路はおろか、国道までもが大渋滞になっていた。パトカーも出動していた。

私たちは出かけた後なので知らなかったが、記録によれば津島では一五日一〇時に、災害対策本部・避難所・行政区長合同会議というのが開かれている。その場で災対本部と避難所を二本松市内に移すということが伝えられていた。そのあと、津島支所で、場所はまだ決まらないが二本松に行く、バスの手配をしているが、車の人たちは準備しろという放送をしたらしい。

そうしたら、住民は待っていられない。どんどん二本松市役所に来た。旧東和町の地域で受け入れるということだったのに、そのことが伝えられる前に、浪江町の住民は二本松市役所のほうにどーっと押しかけてきた。駐車場にも庁舎にもとても入りきれない。何事が起きたんだということで騒ぎが始まった。

二本松市役所としては、これでは収拾がつかない、旧東和町だけではなくて、旧市内でもどこか浪江町民を受け入れることはできないかと、再度庁議を開催してくれた。それで東和地区だけではなく二本松地区にも六カ所の避難所を開設してもらった。それから二本松市役所のホールで浪江の住民に避難所の割り振りまでしてくれた。

まず住民に名簿を書いてもらって、何番から何番の人はAの避難所に、何番から何番はBへというふうに二本松市役所の職員がやってくれた。我々で対応しろといわれても、実際、割り振りはできなかった。そもそも受け入れ場所の位置もよく分からない。二本松市役所の職員だからできた。

ところが、集まってきた住民の数が余りにも多くて、「早く来たのに呼ばれない」とか、「書いたはずの名簿が見当たらない」とか、「どこさ行けばいいんだ！」と始まって大混乱になる。住民がいらだって、二本松市役所の職員にあたる。ホールは浪江町民に占拠され、市役所にきた一般の二本松市民もおっかなくて帰っていくような状況だった。本来なら自分たち浪江町役場の職員が対応しなければならない仕事だ。二本松市役所の職員には感謝しかない。

一五時くらいから交代して私も受付に入ったが、私も町民からがんがんやられたし、こちらからも町民に大きな声を出した。お互い感情的になって何時間もやっていたので喉がカラカラになって、しばらく喉がだめになった。それに怒号の中で割り振りをしたので、それがトラウマみたいになってしまった。人に囲まれるとおっかなくて。元に戻るまで三年はかかった。何とかかんとか夜までに二本松市内の割り振りが終わって、それから東和に向かった。

†三月一五日夜――東和支所の職員はよくやってくれた

三月一五日の夜は二本松市役所の東和支所（旧東和町役場）の床に寝た。我々が事務所としてもらった二階のスペースのところ。津島にいたときも津島支所の廊下の床だった。職

写真3-11　二本松市役所東和支所（旧東和町役場）。この２階に仮役場が置かれた。

員はみんなそう。泊まるところなどないから、事務所の中や廊下で防災用の暖かくない毛布を何枚も敷いたり掛けたりして寝ていた。

東和町は二本松市に合併したので、町役場だった東和支所は立派な建物だが、職員は二〇人ほどしかいない。それに対して浪江町役場関係の職員は一〇〇人もいる。我々が支所の建物を乗っ取った感じ。それなのに、全然文句もいわないで東和支所の職員はよくやってくれた。

東和支所では宿直をやっていなかった。しかし、私たちが二階で夜中まで仕事をしているため、東和支所の職員が交替で宿直に入ってくれた。夜まで電話番もしてくれた。あれはとてもまねできないなと、本当に感謝していた。

しかもこちらは東和支所のいうことを聞かない。東和支所から「ここの部屋は使ってはだめだ」といわれても、仕事がどんどん増えて部屋が足りなくなるから使ってしまう。たとえば住民への義援金の支給が始まるぞとか、二次避難所の申し込みが始まるぞとか、仮設住宅ができるから受付をしなくてはならないぞとか、仕事が増えるたびに、「この部屋空いてますか？」と片っ端から借りてしまう。そのうち二階だけではなく三階も占拠したような感じになった。立場が逆で自分だったら「出ていけ！」といっていたなと思う。東和支所の職員には本当にすごく感謝している。

私は津島には戻らなかったが、災対担当の職員は津島に通っていた。浪江の中心部で避難指示が出ているところにまだ町民が残っていたので、津島を拠点にして街まで行って早く逃げてくださいという勧告などをしていた。後でわかることだが、実際は原発から遠い津島のほうが浪江町の市街地より放射線量は高かった。それなのに津島を拠点にして活動していた。つまり市街地にいたほうがよほど安全だった。ただそれは結果論であって、当時はそんなことはわからない。

わりと体の弱い人や高齢者は逃げずに中心部の市街地に残っていた。「俺は体が弱いから、今さら放射能を浴びたってどうってことないから」と残っていた人も、自衛隊や警察の巡回でつかまって、ヘリコプターなどで東和に送り込まれてくる。そういう町民は二本松でスクリーニングを受けてから東和支所に来るので夕方から夜中に到着する。

ところが、支所の近くの避難所からどんどん避難者を入れていったので、後から来た体の弱い人たちの行き場がなくなってしまった。東和支所の近くに東和文化センターがあって、そこは避難所ではなかったが、二本松市役所の許可を得て、介護の必要な人たちはそこに入るようになった。東和文化センターには暖房があった。入所者の中には、認知症で、

「帰る、帰る」と騒いでいる方もいて、一晩中ホールでおつきあいをしたこともあった。

東和文化センターのすぐ脇に二本松市の建物があり、当初は職員の宿泊所として提供されていたが、そこに三月一九日には津島の仮設診療所を置いた。お医者さんは長年、津島診療所に勤務していた郡山出身の方で津島まで通っていたが、そのまま東和に来てもらって開設した。常備薬が切れた人など多くの町民が診察にきていた。助かった。

写真3-12　東和地区での避難所（2011年3月26日）

東和では地元の市民が地域ぐるみで炊き出しなどをやってくれた。救援物資は二本松市役所に物資の受け入れ先があった。浪江町民の分は、東和文化センターの脇に室内ゲートボール場があって、そこを救援物資の置き場にしていた。そこから各避難所へ割り振った。

避難所に張り付けになる職員は仕事とプライベートを分けようがないから精神的にだいぶ疲弊していた。町民といっしょに生活しているから自分の時間がない。夜中まで起きている町民もいるし、朝四時から起きてくる人もいる。そうすると「いつまで寝てるんだ！」と責められる。それで参ってしまった職員がずいぶんいた。

係長クラスを頭にしながら職員を割り振ったが、あのとき浪江町関係全部で三〇カ所以上の避難所があった。二本松市内だけでも一七カ所の避難所を開設した。その他にも福島市、郡山市、川俣町にも職員が常駐する避難所があった。

人が多くなってくると避難所もどんどん増えてくる。最初は一〇カ所なら一〇カ所で職員を割り振るが、避難所が多くなると職員が足りなくなってくる。すると、五人態勢でやっていたところを二人持っていって三人にするとかやりくりをする。だから、脳梗塞などで倒れた職員も二人くらいいる。緊張しているときはなんでもないが、緊張が解けると倒れる。

災対本部で職員の誰がどこにいるというのはだいたい把握していた。だけど、正直、指揮命令系統は麻痺していた。たとえば、避難所で何か問題が起きたとしても、誰かがまとめて処理するということができなくて、現場任せになる。だから避難所の職員はたいへんだった。

災対本部に「こういうことがあるんだけど」と案件を持ってきても、結論を出して次の措置をするまでの時間がかかり

写真3-13　東和支所内に置かれた仮役場の窓口のようす（撮影日不明）

すぎて対応できない。命にかかわるからすぐにやらなくてはならないことがあっても、避難所から来て本部で指示をもらって帰ると三〇分以上かかるので、それなら自分らでやったほうがいいと自主運営的になった。

†四月五日二次避難所へ移動――一〇〇〇通出したら五〇〇通くらい戻ってくる

そんなふうにして半月余りが過ぎ、次に四月五日から福島県内の旅館やホテルへの二次避難が始まる。事故から一ヵ月近く、体育館などの避難所を転々としてきた劣悪な環境から、再び住民の多くが移動する。これは福島県ならではの特徴ある施策だが、震災と原発事故による風評被害によってキャンセルが出ていた旅館とかホテルのために避難者を受け入れて、旅館やホテルの経営をもたせるためという意味もあったようだ。

岳温泉、土湯温泉、猪苗代町、北塩原村、磐梯町など約一七〇ヵ所の旅館やホテル、それにペンションなどが県から割り当てられた。住民を割り振るために役場に受付係を作って、住民それぞれに「どこに避難しますか?」と希望を聞くわけだが、その連絡をとるためにはまず町民の現住地を確認する必要がある。それがとんでもなくたいへんだった。

住民の現住地のデータは倍以上集まっている。二万人ほどの人口だったが、四万なり六万なりのデータが集まっている。住民は避難先を転々としているので、その都度、ファクスや電話で「今ここにいるぞ」と連絡してくれるが、一週間もたたないうち、また「ここに変わったから」という連絡が来る。きちんと役場に連絡してくれる人ほどいっぱい届け出が出てくる。

連絡をもらってすぐに処理できればいいのだが、職員の余裕がないから、結局貯めておくしかなかった。その後、各地からの応援職員にも入ってもらって、次々とパソコンに打ちこんでもらったが、複数のデータがあると、どっちが現住地かがわからない。

たとえば、同じ人が三カ所動いていると、三種類のデータがある。最後に打ちこんだのがいちばん最近のものかなと思うと実際は違う。一カ月で五回とか八回とか動いている人がいっぱいいいた。

総務省で避難者情報のシステムを作って避難者に登録を呼びかけていたが、あれは立ち上げが遅かったので、ほとんど役に立っていない。県の災害対策本部から早く住民の所在地を把握しろと何回も苦情をいわれたが、どうしようもないといい返した。浪江は人口が多いし、移動もそれだけ多いんだから、しょうがないです、と。結局、最終的に把握できたのは、住民の移動が落ち着いた九月頃ではなかっただろうか。

だから二次避難所の希望を取ったときには、役場から郵便を出すと、一〇〇〇通出したら五〇〇通くらい戻ってくる。そうすると、またデータを調べ直して、こっちかな、あっちかなとやって、同じ人に三回も四回も出すような状態だった。だから現住地の確認の手紙を出すだけでも手間が半端ではなかった。

実は避難所にいる人ともなかなか連絡がとれない。東和支所の周辺にあって、浪江町として把握している避難所ならまだいいが、いわき市や郡山市とかにあって、浪江町として管理していない避難所にいる人たちにはなかなか連絡がとれない。

こちらからそういう避難所に電話をすると、直接、避難所に来て確認してくださいといわれる。ビッグパレットなどは何千人も避難者がいるので、とても確認できないから、直接来て確認してくれと。いわき市もそうだった。県で管理している避難所は全然だめだった。

写真3-14　津波から1カ月以上が過ぎて行方不明者の捜索が防護服着用で始まった（2011年4月24日）

†五月七日仮設住宅入居――「わからないから行かない」

こうしてようやく二次避難所の割り振りが決まっても、今度は住民が「そこには行きたくない」といい始める。寒い時期だったので、会津に向かって道路を走っていくと、土湯峠あたりで雪の壁が高くなってくる。途中で嫌になって、もう行かないと帰ってくる。浪江町の中心部にはほとんど雪が降らないから。

二次避難所への移動にバスも出したが、自分には車があるからと車で行く人もいて、そういう人たちが結構、断ってきた。四月初めでも雪があったから。もうちょっと夏に近ければ、裏磐梯あたりは避暑地だからみんな喜んで行ったのかもしれないけどね（笑）。

二次避難所の旅館やホテルへの部屋割りは、旅行会社と契約を結んでシステムをつくってもらってやった。「〇〇さんはここに」「△△さんはここに」と。とても職員だけではできなかった。

旅館やホテルの二次避難所になった途端にいきなり住民の避難先が広域になった。猪苗代町、北塩原村、磐梯町というのは、東和支所にある仮役場から直線で五〇キロくらい離れている。元の浪江町から見たら一〇〇キロくらい。二次避難のピーク時（七月六日）には二一二の施設に五五〇〇人の町民が避難していた。職員もたいへんだった。四月二六日には猪苗代町などに連絡所を置いて職員が常駐するようにした。中継基地として連絡所を置かないと役場と住民との連絡が全然つかない。

四月一八日から仮設住宅の入居募集を始めて最初の入居が五月七日。仮設住宅への入居も、できるだけ地域ごとに、コミュニティを壊さないようにということを基本に考えていたが、結果的には、それぞれの家庭に就業や就学の事情があるので集約はできなかった。
桑折町《こおりまち》にいちばん最初の仮設住宅ができた。仮設住宅は県が中心になって建設することになっているが、桑折町は町営でつくってくれたので早かった。だけど、桑折町という地域は浪江町の人たちにとってなじみがない。

行けば便利なところだが、当時は「わからないから行かない」と住民がいう。「駅も近いし、福島市にも近いから、早く行ったら?」と勧めるが、「いずれ福島市に仮設住宅ができるのを待っている」という。早く桑折町に入った人たちはとてもよかったんだが……。

福島市とか郡山市は仮設住宅用の土地の確保が難しい。郡山市には区画整理で焦げついたところがあったからまだ早かったが、福島市は本当に遅かった。桑折町や本宮市のように、それぞれの市町村で仮設住宅をつくるところと、福島市や郡山市のように県でつくるところとでは、建設までの経過がまた違う。

二次避難所の旅館やホテルだと、上げ膳据え膳で食事が出ていたので、仮設住宅に移るときには住民、特におかあさんたちから怒られた。「なんで今さら料理をつくらなきゃならないの!」とね(笑)。

†国からの応援職員——彼がいなかったらできなかった

津島から東和支所に移ってすぐに、経済産業省からいわゆる駐在（リエゾン）が来た。二週間交替くらいで入れ替わり立ち替わり来ていた。中にはたまたま浪江町出身の人がいて、本当に夜中まで対応してくれた。だから、組織というよりもやっぱり人なんだなと思った。

国からの応援職員の人には、まずはａｕとかドコモに行って携帯電話を無償提供してもらったり、タブレットを確保してもらったりした。なにしろ東和支所の二階にはインターネットを使えるパソコンが二つだけだっただろうか。それに電話回線が一〇回線しかない。ファクスも兼用して使うと、使える電話がいくらもなくなる。職員個人の携帯電話が、いつの間にか公用の電話になってしまっていた。電話は朝から鳴りっぱなし。ファクスも常に何かを受信している。住民が自分の居場所について、ここにいるよというファクスを役場に入れてくる。

だから、県庁でＳＰＥＥＤＩ（緊急時迅速放射能影響予測ネットワークシステム）のデータがなくなったという話があったが、あれはよくわかる。自分で送りたいものがあったときに、受信が続いていて全然送れなかったら、一度ファクスを止めてしまう。県庁のＳＰＥＥＤＩの件がどんな経過かはわからないが、一度ファクスを切ったって不思議ではないと思う。こんな状態だったので、まず経産省の人には通信インフラを確保してもらった。あとは、賠償とか仮設住宅、一時立ち入り（警戒区域に指定された自宅へ荷物を取りに行くなどのために、日帰りで実施された住民の立ち入り）などを担当してもらった。

県庁との交渉もたいへんだった。仮設住宅をつくるときも、「浪江町の仮設住宅は県北（福島県の中通り地域の北部）です」と最初に県から割り振りされる。確かに浪江町役場は県北地方の二本松市に避難しているが、実際に避難している住民はいわき市（福島県の浜通り地域の南部）にもたくさんいる。だから、いわき市にも仮設住宅が欲しいという話をさんざんしたのに、「いわき市にはありません」「浪江は県北です」といってくる。

二次避難所として、県が旅館やホテルを斡旋したときも、県北というのなら、少なくとも福島市の飯坂温泉あたりが浪江町に割り振られると思っていた。すると、飯坂温泉は南相馬市向けに割り当てられて、浪江町の避難者は会津地方の裏磐梯まで行かされてしまう。県庁とのこういう交渉を国の職員にしてもらっていた。

その職員は一度国に引き上げた後、また来てくれた。通算で三年以上いた。二〇一七年三月の避難指示解除は彼がいなかったらできなかった。それくらい力を持っていた。避難指示解除に向けての事業がたくさんあって、たとえば、漁港の改修だとか、道の駅とか、あとは学校再開とかを含めてあったので、復興予算がびっくりするほど必要だった。そういう交渉も含めてやってもらってかなり助かった。

†毎日のように人事異動――「あれ？　あいつどこ行ったんだ？」

県庁からは災害対応で応援職員が一人、入っていた。その他に災害が起こる前から一人、交換職員（県と市町村との間に、一定期間、職員を交換して派遣する制度）がいた。その職員には、混乱していた役場の行政機能の立て直しをしてもらった。

まず政策推進班という組織を作って、そこに、核となる四～五人の職員を役場の中から引っ張ってくる。私もそこに入れられた。本来は議会事務局長だが、掛け持ちでやっていた。そこで、役場として今何をどこで誰がやらなくてはならないということを決める。

だから、ある意味では他の役場職員全体とぶつかる。職員だって今持っている通常業務で手いっぱい。特に介護だとか保険（国民健康保険）だとか、住民課も戸籍や転出入が動き出してきているからそっちもやらなくてはならない。非常時だとはいえ通常業務も増える。しかし、それとは別に避難に伴って増える新しい業務がたくさんある。だけど、どの部署も新しい仕事は持ちたくない。

そこを何とかしろということで政策推進班が入っていく。仮設住宅の入居もあったし、義援金の交付もあったし、そういった新たな業務を誰がこなすのかという課題があった。業務を増やすとどんどん組織が細分化されてしまう。その全体の指揮を県から来ていた職員がやってくれた。本当に憎まれ役だった。

災害があると役場は災害対策本部の班体制に移行する。だから、あの年（二〇一一年四月）に入った新規採用職員が四人いるが、最初の辞令は「〇〇課勤務」ではなく、災対本部の「〇〇班を命ずる」となっている。私は、「そんなのない！」といった。履歴に一生残るから。

新しい仕事が増えるとそこに誰をつけて誰をリーダーにするかが決まる。だから毎日のように人事異動がある。こっちのリーダーが次の日にはあっちに行ってみたり、一週間で三回くらいころころ変わる。四月になってから特にひどかった。「あれ？　あいつどこ行ったんだ？」「あっち」というのが日常茶飯事だった。

あの頃は町長の指示で動いたというよりも、それぞれの部署がみんな自分たちで判断をして動いていたというのが実状だったような気がする。よく道を外れなかったなと思うけど。

†職員の避難生活——血圧は二〇〇を超えていた

当時、正職員は一六〇人程度だったが、原発事故直後は職場に来なかった職員が四〇人から五〇人はいた。なかでも、高齢の親をひとりで置いておけないからということで、親を連れて避難している人が三〇人くらいいた。

正直、全体がつかめなかった。本当にその場その場がパンパンな状態だったので、実際、何人いたのかといわれるとつかみきれていない。一応、課単位でどこの課はどこというふうに配置はしているが、それは名簿上の人数がいるはずだというだけの話で、実際にどこまでいたのかははっきりわからない。その頃から組織としての機能を果たせなくなってきていた。

職員配置は総務課でやっていたが、課単位では動けなくなってしまって、課をばらして班単位にした。例えば、産業課でここととここを受け持ってと最初は配置するが、職員が足りなくなるので、「〇〇避難所班」というふうに課を分割する。そうすると、今度は上(役職者)が足りなくなる。課長のもとに系統的に動くことができない。役場の中の組織も同じ。

精神的に参ってしまう職員を含めて、体を壊して出勤できない職員が五、六人以上はいた。眼圧が上がって眼底出血をして失明間際になった人もいる。私も自分ではピンピンしているつもりだったが、支援に来てくれた人たちに血圧を測定してもらったら二〇〇を超えていて、「誰の血圧?」というくらいだった。

それくらいみんな異常だった。体も緊急態勢になっている。だから一年半後(二〇一二年一〇月）に、二本松市内の工業団地にプレハブの仮庁舎を作って一息ついてから、みんなバタバタ倒れた。やっと、借りものではなくて自分らの城に入ったということの安心感もあってか、通常モードに戻れば戻るほど、身体のあっちが悪いこっちが悪いと始まってきた。

五月には二本松市街にある県の施設（男女共生センター）に仮役場を移すから、それまでに職員はそれぞれに「住宅を探せ」といわれた。仮設住宅は住民優先だからと。

職員のほとんどが仮設住宅に入れるものだと思っていた。「ええー？　仮設住宅に入れないの？」という話でみんなが大騒ぎしていたら、「住民がいっぱいいるのに、おまえらが入るところなんかあるか！」と怒られて、「はあ？」という感じだった。

その頃は東和の保健センターに、女子は二階で男子は一階というふうに集団で寝ていた。私もそうだが、そこに入りきれない職員は仮役場の執務室のフロアに寝ていた。町長も役場の中に寝ていた。こんな生活が震災から二カ月余りも続く。

そんなところに「住宅を探せ」となった。そこで我々は、少しでも安く、それこそ住めればいいという感じで一生懸命探す。でも当時は、休みがなかなか取れないし、勤務先に寝ているわけだから、二四時間、ずっと仮役場にいる。仕事が一段落してから街なかに行っても不動産屋さんは閉まっている。私は妻に、どこでもいいから安いところを探せと頼んで何とか見つけてもらった。

ところが五月一日になっていわゆる「みなし仮設」という制度ができる。東日本大震災は大量の避難者が出たので、仮設住宅の建設だけでは間に合わず、空いているアパートや貸家に入居できたら、家賃として六万円まで出しますということになった。「えー！」という話で、あのときも職員はだいぶ騒いだ。

たとえば私が契約したアパートは最初三万五〇〇〇円だった。ところが借りるときには六万円になっている。「はあ？」「こんな部屋が六万円ってあるかよ」ということになる。二本松市内のアパートは一気に最低六万円に上がった。

そのアパートに両親といっしょに住むことになった。和室が二間と、台所、お風呂、トイレがあるという普通のアパート。妻は原発事故の時は大熊町立の中学校で学校事務の仕事に就いていた。大熊町は避難先の会津若松市で学校を再開していたから妻も会津に住んでいた。そのあと転勤になって浪江町立の中学校になったので、同じ家主さんのすぐそばのアパートを別に借りて何とか暮らすようになるが、最初は本当に一つのアパートで両親と三人。寝るときは居間のこたつを上げて布団を敷いて寝ていた。

職員でも、家族がいて、子どもが学校に行っていると、その学校の近くにアパートを探さなければならない。だからみんなアパート探しはたいへんだったみたい。二本松市内だけではなくて、福島市や本宮市さらには郡山市とか結構、遠くまで探しに行っていた。

3 議会、独自に動く

†五月二三日共生センターへ移転――よくあんなところでがまんしてもらったな

二本松市役所の東和支所には二カ月余りお世話になったが、いつまでも借りているわけにはいかない。それに山間地にあるので住民が来るのにも不便だった。そこで駅に近い市街地で仮役場が置けるところを探して、福島県の施設である男女共生センターに移転することになった。共生センターの中の研修ホールという四〇〇席くらいの多目的ホール。だけどそもそもホールなので窓がない。朝入ったら夕方まで全然天気がわからない。表でわさわさ雪が降ってもわからない。執務室としては完全に不適切だった。

ホールの中に、事務机や椅子をずらっと並べて、みんな懸命に働いていたが、今考えると、あんな狭いところによく居たなと思う。町長室は楽屋の一室を使っていたので、本当に狭かった。よくあんなところでがまんしてもらったなと思うくらいだ。

共生センターは県の施設だが、別法人（公益財団法人福島県青少年育成・男女共生推進機構）

が運営していたので使用料を払っていた。共生センターは稼働率があまりよくなかったので、我々が入って助かったかもしれない（笑）。

その頃には全国の自治体などから応援職員もたくさん来てくれた。そのうち復興庁スキーム（復興庁が任期付職員として雇用し、各役場に派遣されるしくみ）による応援も入った。原発事故直後は、復興の役に立ちたいとか、志も含めてすばらしい人たちがいっぱいいて、そのおかげで何とか乗り切ってきた。ただ、五年がたってしまうと、復興庁スキームの人たちは一旦任期が終わってしまう。

そこで、町としてどうしても残ってほしい人には、町単独の経費で町の任期付職員として続けてくれないかというお願いをして、残ってくれた方もいる。例えば、国に勤めていて補助金の申請をやっていたという女の人も、五年で終わってしまうときに、「浪江さん、たいへんだよね。私行っていい？」といって来てくれた。

そういうすばらしい方も

写真3-15　二本松市街へ移った仮役場

写真3-16　男女共生センター研修ホールの仮役場

いるし、逆に復興庁スキームだと渡り鳥のような人もいてだめな場合もある。つまり、欲しい人はスカウトされて最初の派遣先に残る。すると、次に復興庁スキームで来る人たちは、他の被災地で要らないよといわれた人が多くなる。そういう人が、毎年、一人か二人、混じっている。

他の自治体からの応援職員も何人かいた。特に浪江町は岡山県の市町村から入ってもらっていて、あちらでも水害があったのに、「いや、ここは義理を欠くわけにいかないから」といって続けて来てくれた。

ただ、岩手県や宮城県のような津波被災地ほど自治体からの応援職員が多いわけではない。時間がたてばたつほど、どちらかというと引きにかかってきている。つまり、もうそろそろ勘弁してくださいという感じになってくる。

どの自治体も、自分のところで精一杯の状態なので無理もない。町村ではまず無理。市以上でもかなり無理をして派遣してくれている。

全国に応援職員の要請にも出かけた。岩手、宮城、福島の被災三県で各地へ要望に行く。横浜市に行ったとき、向こうは土木などの技術職とか看護師、保健師が必要だろうと思って、実際に何人かは各地に派遣している。もちろんそういう職員も必要だが、「正直いうと、税務とか戸籍とかをやれる職員がいないんだ」という話をした。向こうは「えっ？」

という顔をする。

実際にそうなんだ。震災から六〜七年は、特に税務なんて、やらなくてよかったといってはおかしいが、災害時の特例があってほとんど課税も徴収もしなくて済んだ。だから、徴収経験のある職員や資産評価経験のある職員が退職してしまっていないので困るという話をした。「えっ、一般事務でいいのか?」という話になって、その後、横浜市から二人、来てもらった。

実務をやったことがない職員ばかりになると、震災の後に採用された職員や復興庁スキームで民間企業から転職して来てくれた人たちからも、「何をやったらいいんですか?」という話になってしまう。「そこをぜひとも応援をお願いしたい」という話をして、たとえば川崎市は「宮城県の派遣が終わったから、そろそろ福島県に入ります」といってくれた。

他に、市同士で特定の市に応援派遣を出すという形でやっているとこ

写真 3-17　男女共生センター研修ホールの仮役場には窓がなかった

写真 3-18　楽屋を利用した町長室

ろもあるが、浪江町はどことも友好都市提携をやっていなかったので、あまりそういう例はない。

†応援職員――「自分の手がけた仕事が終わらないうちは帰りたくない」

自治体からの応援職員は、最初は二週間交代だった。ただ、正直にいって、二週間交代だと仕事にならない。当時は住民情報の確認という仕事が割り振られていた。住民から今どこに避難しているという連絡が入ってくるので、それを片っ端からパソコンに打っていくという仕事だった。

一方、応援に来てくれる自治体の職員の人たちは、被災地の復旧作業のために入るというつもりで来ていた。だから、どちらかというと事務職ではなくて現業職が多かった。ところが津波被災地とは違って、そういう種類の仕事はここにはない。するとパソコンはできませんという人が出てきて応援職員を交代してもらったこともある。そんなミスマッチがあった。

ただ応援職員に関する事務手続きは複雑で、復興庁が音を上げたこともある。たとえば復興庁スキームの派遣職員も当然、残業が多くなる。そうすると復興庁から人事管理ができないと、毎月のようにクレームをいわれた。

たまたま厚生労働省の労働局から来ていた人が復興庁の担当だったから時間外勤務に厳しかったのかもしれないが、「課長、何とかして！」とだいぶ怒られた。こちらも派遣職員には、「そろそろ（仕事を）終わってよ」といっているんだが、「はい、大丈夫です」といいながら仕事を続けるので、結果的に超勤時間がオーバーしてしまう。そのたびに復興庁に呼び出されて怒られて、このままでは労働時間の管理をしようがないから町単独の任期付きにしてくれないかという話までされた。

それで身分を切り替えたこともあったが、その後また復興庁スキームの枠がしっかりとつくられているから、あちらの担当者次第で対応が変わるのかなと思う。

復興庁スキームの任期付職員だと赴任旅費（採用前に居住していた場所から赴任地までの旅費。実質的に引っ越し代の意味がある）が付く。ところが町単独採用ではそれが付かない。そんなこともあって町単独採用だと収入が減るが、それでも浪江町に残りたいという人がいて身分切替をした。技術職だと、「自分の手がけた仕事が終わらないうちは帰りたくない」という人もいた。

その方は自治体ＯＢではなくて民間企業出身だった。復興庁スキームの任期五年間は終わったが、「町で雇ってくれないか」という話が来て、「え？」と処遇の話をしたら、「下がったっていいんだ」という話で、こっちも技術職は欲しいので、それでいいんだったらということでお願いした。

自治体から派遣された職員も、確かに意気込みが違う。震災直後は、本当にうちの職員を負かすくらい本気になって仕事をしてくれた人がいっぱいいた。ただ、時間がたつとちょっと熱意が下がったかなという感じがしないではない。でも、六〇〇キロも七〇〇キロも離れたところからよく来てくれるなと思って感謝している。

†議会の動き――「しょうがねえべ、こんなになったんだから」

こうして仮役場が東和支所から共生センターに移ったが、私は二週間くらいしかそこにいなかった。その時に、議会とその事務局を役場とは別につくれという要望が議員からあって、私は議会事務局長だったので議長と二人で探した。すると安達《あだち》地方広域行政組合（安達郡内三自治体の火葬、ごみ、消防等を担う一部事務組合）の事務局があった建物の二階を借りることができて、議会事務局だけはそこに移った。建物は古いが、ガラス張りで日の当たるところだったから、精神的にはちょうどよかった。

そこで私個人としても震災対応の仕事から離れて議会事務局の専任に戻る。議会を開けるほどの大きな会議室もあったので、六月に震災後初めての定例会を開くことができた。三・一一以降の議会の動きを振り返っておくと、地震が起きたとき、議会は定例会中で全員協議会（全協）を開催していた。直ちに中断してそのまま定例会自体も流会になって、新年度予算も成立しなかった。

議員定数は二〇で、内一人は病気をしていたので、実質的には一九人。そのうち役場といっしょに避難して動いていたのは七〜八人。その他は、県内各地をはじめ東京や群馬のほうに避難した議員もいた。みんなばらばらだった。議員の携帯電話は私が把握していたので、電話で議員とのやりとりはできていた。

議員のうち何人かは役場の災対本部会議にオブザーバーとして参加していた。行政区長を兼ねていた議員は地域の安否確認をしたり、避難所で世話役をしていた人もいる。それぞれの議員はいろんなチャンネルを持っているので、避難所に必要な資材の調達とか、病院への送迎などの活動をしていた人もいるし、消防団として活動していた人もいる。

議員の中には、すぐに議会を招集しろという声もあったが、仮に議会を招集しても執行部が議案の準備をできなかった。その時点では財政用のパソコンやサーバーを浪江に残したままだった。サーバーを庁舎から避難先の東和支所に持ち出したのは四月に入ってからになる。

正式に議会を招集しても、いったい何人の議員が集まるかもわからないので、まずは非公式で集まろうということになり、三月三〇日に緊急議員集会を開く。避難先の東和支所の二階会議室を借りて開いた。結局一九人全員が来たので全協として招集すればよかったかもしれない。

緊急議員集会では、まず町から経過報告等をやってもらった。新年度の予算が成立していないので、それをどうにかしなければいけない。現在は準備できていないが暫定的に予算を組ませてくれ、当面は役場に任せてもらって町長に専決処分してもらい、あとで議会に承認してもらうからという説明をした。

ほとんどの議員の方は「しょうがねえべ、こんなになったんだから」という話だったが、なかには、まずは議会をちゃんと開け、開いて経過報告しろという人もいた。結果的には、町の方針でいくということで通してもらったが、正式の会議ではないのでそれは議決ではなくて、とりあえずは了解をもらったというだけのこと。でもそれで予算を組んで動かすことができた。

†議会独自の活動──「議会で何をするんだ、何ができるんだ」

私は二〇〇九年四月から議会事務局で、局長としては一年目が終わるところだった。次長は病気療養中。もう一人の職員は役場で電話対応の主任をまかされていた。だからとても議会をサポートするどころではなかった。

三月三〇日の緊急議員集会では、「議会で何をするんだ、何ができるんだ」という議論があって、その中から、役場自体が動けないのだから、役場に代わって国や県に要望活動をやるしかないということになった。町の惨状を国に知ってもらわなくてはならない、そのためには俺らが行くしかないんだということになった。

併せて住民の意見を聞く。はたして、議員が避難所に行ってまともな意見交換会ができるかという懸念もあったが、それも当面の議会活動の中心として取り組もうということになった。

まず四月四日に国や東電への要望・要請活動に行こうということが決まった。とりあえず文句をいいに行こうというような感覚だった。それで、議員自身が相手方にアポを取って、ほとんど全員に近い一七人の議員が社会福祉協議会のマイクロバスに乗り、しかも議員自らが運転をして東京まで行った。

日帰りで各大臣、地元選出の国会議員、東電本社を回って要望・要請活動をしている。とても私ら議会事務局が随行できる状況ではないので、アポ取りも含めて、国や東電との折衝は、全部、議員がやっていた。

当時は新幹線もまだ完全には再開していない。普通、国は県を通さなければ要望を受け付けないが、それぞれの議員が持っているルートを使って、直接、手配をしたらしい。議会事務局は要望書の取りまとめと作成はやったが、できたものを「お願いします」と渡して、議員たちだけで持っていった。

このとき、東電本社に行ったら、報道関係が正面玄関にいたのに裏口から入れられたので議員たちが怒って何事だと揉めたらしい。バスの駐車場が裏口からすぐで、雨も降っていたし、向こうは厚意で「こちらからどうぞ」といったらしいがそこが裏口だった。四月六日には同じように福島県庁と県庁に置かれた国の現地対策本部に要望活動をしているし、その後も何回か、東京に行って浪江町議会として要望・要請活動をしている。

震災後、初めて正式に開かれた六月議会では、新年度予算をはじめ当面の震災発生時から町長がやってきた専決事項の承認をした。一部の議員からは議会も開かずに専決でやったのかと怒られたが、現実にはどうしようもない。専決でやるしかないから専決でやりましたというしかない。

議員の中には避難所に入っていっしょに生活している人が多かったから、住民といっしょになって役場に文句をいってくる方もいた。逆に、ああいうふうな状況になって、もう議員は嫌だ、やっている意味がないという人もいた。避難していたので、すぐに地元に帰れるわけではないから、どうしても避難生活の安定を求める議論が多くなる。するとそれは自分が議員になった本意ではないので、次の選挙には出ないという議員も一期生を中心に三分の一くらいいた。

†議会主催の町民懇談会――「来てくれてありがとう」

町民と議員との懇談会については四月から話が出ていたが、六月定例会の前にやろうということになった。議員個人で避難所回りをしている方もいて、その中で、「議員は何をやってるんだ！」「俺の話を聞きに来い！」というのがだいぶあったらしい。そこで議会としても回らなくてはならないのではないかということになった。ただ町民との懇談会を開くといっても、県外に避難している議員たちは、町民から集中砲火を浴びるのはわかっているわけで、おっかなくて行けるものではない。

結果的に六月から一一月までの間に延べ四一回、町民と議員との懇談会を開いた。回るところをまず決めて、三つの常任委員会ごとに議員を割り振り、委員長間で調整をした。多いところで二〇〇人、少ないところで九人の住民が集まった。最初のうちは避難所を回り、仮設住宅への入居が始まると仮設住宅の集会室へ行き、さらには埼玉県、千葉県、神奈川県、茨城県、新潟県、宮城県といった県外にも行った。一チームで一日に二回ずつくらいで、一日に三回やったこともある。

初めのうちは住民から不安や不満が議員にぶつけられた。ただ、文句をいうだけいうと最後は、「いや、来てくれてありがとう」「もう一回やってください」「町会議員しかいうところはないんだから」というような話が出たらしい。

実は、震災の前年（二〇一〇年）に議会基本条例の制定調査特別委員会が報告をまとめている。その間、議員視察も議会基本条例の先進地と呼ばれるところを中心に回っていた。年度が改まったら、議会基本条例制定を具体化していこうということになっていた。だからなんとなく議員みんなが、それなりに、住民への報告会を開くとか、住民と意見交換をするのがこれからの町議会のあり方だろうというイメージを持っていた。本やなんかで読んだりするだけではなくて。

もちろん個々の議員の温度差はあるが、この非常時に町民との懇談会をすること自体にはあまり抵抗がなかった。町議会での質疑はもちろんのこと、国、県、東電などに対する要望・要請活動もこうした町民との懇談会で聞いた話をまとめたものを元にしているので説得力がある。

町民の意見は時がたつにつれて変わってくるし、場所によっても違う。避難所の生活自体がとんでもない生活だったので、まず不安と不満がある。ガソリンはない、車もない、どこも対応してくれないという話で、そういったもののはけ口がない。まともに文句をいえるのは議員しかいなかった。

たとえば仮設住宅では、敷地内の道路が舗装されていないので雨や雪が降るとぐちゃぐちゃになるとか、寒冷地なのに風呂の追い炊きができないのですぐに冷めてしまうとか。それが落ち着いてくると、今度は「いつ帰れるんだ」「賠償はどうなっているか」という話題になる。県外の懇談会では、「情報が少なすぎる」「受け入れ自治体によって支援に差がある」という話もある。

県外に避難していると、病院に行っても医療費免除についていちいち説明しないと理解してもらえない。説明すればわかるが、その都度、説明すること自体が嫌になってくるといった細かい話が町民から出てくる。

写真 3-19　浪江町議会主催の町民懇談会

住民懇談会が終わると議員たちは「なんで俺がやらなきゃいけないんだ！」と文句をいいながら泣き泣き帰ってきた。住民から要望を聞いても、結局、執行部ではないから「やります」といえない。「わかりました。それ伝えます」としかいえない。だから町民に「おまえら何やってるんだ！」という形で突き上げをくう。住民にしてもぶつけるところがないから、議員に対してガンガンいっていた。

あの当時の議員さんは一生懸命やった。ある意味では、議会としては町民との懇談会などやらなくてもいいのに、あえて住民の間に入って声を聞いてきて、それをまとめて今度は議会で追及するというスタンスをずっとやっていたから、たいしたものだなと思う。他の町の議会でそんなことはどこもやってない。やっぱり議会改革の議論をしてきた成果なんだろうなとは思う。今は、改選をする度に熱意がなくなってきているように感じる。

†復興ビジョンと復興計画――一〇〇人いれば一〇〇人の意見がある

議会が借りた安達地方広域行政組合の建物では復興計画の委員会もやっていた。共生センターの仮役場では多くの人が集まれる会議室がなかったから。私が復興計画に直接関わるのは、復興推進課長になってからの二次計画策定からだが、脇で様子は見ていた。

七月二九日に職員による浪江町復興ビジョン策定庁内ワーキンググループが初めて開かれ、その後、一〇月一九日に浪江町復興検討委員会が立ち上がる。町民や有識者三二人の会議体で、「絆と人づくり」「安全・安心なまちづくり」「元気なまちづくり」という三つの部会で構成されていた。

最初に作られた復興ビジョン（二〇一二年四月一九日）には「それぞれの町民が安心して、自らの今後を選ぶことができる環境・制度・前提を作っていくことが必要」とあって、県外での生活希望者にも「二重の住民登録など他地域で不便なく暮らせる制度の構築」と書いてある。いつ避難指示を解除するのかという見込みもない中で二〇一七年三月までには何とか戻りたいという方向は二〇一二年一〇月の復興計画（第一次）で決めた。

馬場町長になってから「住民協働のまちづくり」ということを柱にずっとやってきた。だから町民主体で計画を策定するということはわりと抵抗なく行われた。役場でつくって押しつけるという形ではなかった。

復興計画をつくるときも、一〇〇人の委員でやっている。住民からそれぞれの団体の代表者を出し、町民だけではなくて、町の出身者も含めて委員を公募した。かなりうるさいメンバーもいた。

ただ、実際には事務局がたいへんだった。将来の見通しがつかない中で、「町は本当に大丈夫なの？」という人から、「早く住民を元の町に戻さなくてはならない」という人まで、いろいろ意見が違う。どちらかというと「そんな夢物語をしゃべったってしょうがないべ」という人が多かった。「今の生活でさえ容易でないのに、これから町をどうするんだって、そんなことわかるわけないべ」というのが大勢だった。

結局、一〇〇人いれば一〇〇人の意見があるわけだし、これからどうなるのかというところが全然わからないから、みんないいたいことをいう。まとまりかけると、こんな夢みたいなことできるわけないべって、ぼっこす（壊す）。その繰り返し。

「町の復興」と「避難している人たちの生活の安定」の二つの軸があった。委員の人たちも、あの当時は町の復興よりも避難者の生活再建をどうしていくかに重点がいっている。みんなのふるさとを守らなければならないというところは、みんな「わかった」というが、でも、「そんなことをいったって」となってなかなかまとまらなかった。

避難している人たちの生活をちゃんとやるべきだ、そのためには仮の町もつくるべきだという議論もあった。ただ町としては仮の町はつくらない、あくまでも浪江に戻るのが本来の姿なんだからと。そこで完全に対立した。

写真3-20　浪江町復興検討委員会（2011年10月19日）

そこだけはどうにもならなかった。町に帰らないという選択はないということをずっといってるが、帰れないでいる人たちの生活の場として、土地を借りてでも、もう一つの浪江町をつくるべきだという議論はあった。そんなことをやったら誰も帰らなくなってしまうという気持ちもあって、仮の町についての意見は押し切ったところはあるが、それ以外はだいたい委員の意向で進めた。

住民の声を聞こうというスタンスは、馬場町長の意向が強かった。その代わり物事がなかなか決まらなかったのも事実。住民からも事が進まないことへの苛立ちから、「何をやってるんだ。早くやれよ！」というお叱りはずいぶん受けた。

それでもやっぱり住民の意思をもとにじっくりいこうと町長はブレなかった。我々は仕事をしていても、町長の方針がそれならそれでやる。それが途中でブレられると困る。町長という立場からすればいちいちみんなの意見を聞かずに自分で決めたことをどんどんやりたいだろう。だけど、それをやらなかったのはすごいなと思う。

ただ我々職員としては、ある程度、成果をまとめないといけない。話をしているとばらばらに散らばるだけでまとまらない。そこで対立してどうにもならないときは「ここはこれでいくから」というと、「自分たちの意見を聞いてない」とまた始まる。だから、「あなただけの意見じゃないでしょう。皆さんの意見ですから」とまとめていかなければならないのがたいへんだった。

†二〇一二年一〇月一日プレハブ仮役場に移転──やっぱり職員の絶対数が足りない

二〇一二年一〇月一日には共生センターから、同じく二本松市内の平石高田工業団地内にプレハブを建てて、さらに仮役場を移転させた。共生センターの研修ホールは執務環境としては最悪の状況だったし、そのうち、どうにも狭くてだめだということになった。最初は岳温泉に行くほうの工業団地（二本松市永田）はどうかと二本松市から推薦を受けた。岳温泉に行く高台のところにあるが、狭くて駐車場もないということもあって難色を示していた。議会から「もっといいところを探せ」といわれてもめているうちに、民間企業が所有していた別の工業団地の土地を貸してくれることになった。結果的には広くてよかったと思う。

その会社は運送屋さんで本当はそこに倉庫をつくりたかったらしいが、それを我々に貸してくれて、自分たちは別の所に山をならして倉庫をつくった。

「あんなに大きい建物が必要か」という話もあったが、プレハブとはいえ、やっぱり建物を構えたことで職員は落ち着いた。その頃からそれぞれの職員も自分の家族の住むところが固まり始める。

たいへんなのは仕事量が変動すること。四月の人事異動で職員を適正に各課に配置したつもりでも、七月頃になるとパンクする。七月頃になると国や県の予算が走り出して、また仕事がどんどん増えていく。

やっぱり職員の絶対数が足りない。本当は人手が要るが、任期付職員で賄わざるを得ない。技術職が必要で募集をかけてもほとんどいない。オリンピックも含めてみんな東京に引っ張られている。県にも建設技術センター（一般財団法人ふくしま市町村支援機構）があるし、うちも職員が間に合わなくて頼もうかと思ったら、できませんといわれた。

こんなことで病気の職員も多くなっている。ストレスチェックをやっても、表面上は何でもないが、ちょっと危ない人は一〇人以上もいた。本人も自覚しているのに「俺は仕事していればいいからそのままでいいんだ」と開き直るのもいる。仕事で紛らわせているのかもしれない。

その人が抜けてしまうと仕事が全然進まない可能性もある。震災前だったら二〜三人くらいでやっていた仕事を、今は一人で受けているということが結構ある。課長補佐クラスとか係長クラスだと、責任感からかそういう仕事を背負わされる。

写真 3-21　二本松市内の平石高田工業団地内にプレハブで仮庁舎を建設した

もうひとつは退職者が多いのでどうしても管理職の昇任が早くなる。そこの下を支えている組（課長補佐クラスや係長クラス）がもたなくなってきている。年齢構成のバランスもいびつになっている。財政が苦しくて職員を採用しない時期が五〜六年続いた。その年代は管理職のなり手がいない。だからその下の年齢まで昇任させなければならない状況になっている。

議会をやっていると議会答弁で議員からなめられてしまう管理職もいる。事前にレクチャーして教えるのだが、こんなことも答えられないのかと思うようなこともやってしまうので議会が止まってしまう。議員も笑いながら質問しているから頭にくる。

4 復興推進課長として——住民と国・県との間で

†二〇一三年四月一日区域再編——割に合わないことばかりやってるなと思う

二〇一三年四月一日には、放射線量をもとに「帰還困難区域」「居住制限区域」「避難指示解除準備区域」の三つの区分に再編される。こういうときには、事前に国から相談や協議がある。最初に国が原案を持ってきて、それを町が地域に入って調整をしていく。

町としては、できるだけ大字単位で指定してほしいという気持ちがあったが、国の原案に対して「否」という大字もあってもめた。同じ一つの大字の中でも放射線量が高いところとそうでもないところがあるので、本当は大字単位で決めるのは難しい。

結果的に、街中でもポツンと離れて「帰還困難区域」になったところがあるし、逆にダムからの農業水利の幹線がある関係で、放射線量が高い地域もあるのに「居住制限区域」

になった大字もある。地域の要望に基づいて、ある大字を「帰還困難区域」に変更したら、そのことを隣接する大字には連絡していなかったので、さんざん文句をいわれたこともあった。

賠償のことを考えれば「帰還困難区域」にしてもらいたいという気持ちも当然だが、逆に「帰還困難区域」になれば除染や復興事業が後回しになる。町としては国に対して「区域で賠償に差をつけるな」という話をしているが国は聞かない。だから住民に説明がつかなくなってくる。「あっち（双葉町や大熊町）の居住制限区域とうちの居住制限区域、どこが違うんだ」といわれてしまう。町としては「国に聞いてください」としかいいようがない。

区域再編をするときには、県内外で住民懇談会を何回かやって、その上で町長の判断で区域の再編をやったが、ちょっと押し切ったところもある。

浪江町の中でも太平洋沿岸部の地域は放射線量がそんなに高くない。しかし、こちらは津波で壊滅的な打撃を受け、その上、災害危険区域（津波・高潮などによる危険が著しいため建築物を建築するのに適さない区域として、建築基準法第三九条に基づき、自治体が条例によって指定する）に指定され、地域再建もままならない。ただ災害危険区域指定も、賠償の穴埋めという意味がある。本来、町の再生を考えたら危険区域に指定して住めなくするという選択はない。施策的には沿岸部もやっぱり使うべき。

だけど、個別の世帯が再建するためには、土地を借り上げたり、買い上げたりするしかない。だから危険地域に指定して祈念公園などの建設のために土地を町が買い上げる。議論はあったが、これも押し通した。

危険区域の一部に県は防災林を設定するが、その用地は県がタダで町から持っていく。民地であれば県が土地を買い上げるが、すでに町が買い上げたところは、そもそも国のお金を利用して買い上げているのだからタダでよこせという。

でも危険区域の立ち退きのような住民との交渉は町がやってきた。手数料くらいよこせといいたい。町の復興事業の財源として予定していたのに県はタダで持っていった。なんか割に合わないことばかりやってるなと思う。

震災後、我々担当者が霞が関にお願いに行ったりすると、国の職員がみんなメモを持ちながらダーっと椅子だけ持って来て囲まれてしまう。「なんか俺、悪いことしたっけか?」と思って、最初は怖かった。

ただ馬場町長はあまり行かなかった。たぶん双葉郡の町村長の中では霞が関にいちばん行っていないかもしれない。でも、本来はそうあるべきなのかなと思ったりもする。今回の震災で勘違いしている首長はずいぶんいる。国に行けば俺のいう事を聞いてくれるんだという首長が多くなっている。「俺、大臣を知っているから」みたいに霞が関詣でをしているが、初めから結論は決まってるのになと半分思ってしまう。

そんなこともあり、ずっと後になって、避難指示解除のときには町に「復興推進会議」をつくって、国も県も役場に来てもらい、問題をまとめようという会議にした。あれはすごい。いままで我々が霞が関に行って省庁回りしてきたのに対して、国の担当者に来てもらえるので、そのおかげでどんなに楽してるかわからない。今こういうことに困っているんだということを国の担当者に直接いえる会議になっている。

復興大臣もころころ変わる。復興庁の人事異動も一斉にみんな変わる。それまでいろいろと約束してきた人たちが一掃されてしまう。人と人とのつながりだから、こっちは知っている人がいれば、頼ってしまう。だから国はみんな新顔にしてリセットする。そういうスタンスが見え見え。

†復興推進課長時代――「じゃ、その時はけんかすっぺ」

平石高田工業団地の仮役場に移ってから二〇一三年に復興推進課長になった。あの頃最初に頭を抱えたのはタブレット事業（避難先の町民にタブレットを支給し、町と町民との間の双方向で情報交換をしようとする事業）だった。何とか町長を説得して予算取りをした。

タブレット事業は、国が何でもかんでも金をつけるからどうぞという形で押し付けられた。国の説明では、タブレット自体は民間会社から無料でよこして、あとの通信料や更新料で企業は稼ぐということだった。浪江町は人口が多いので、他の町と違って維持費がすごい金額になってしまうからそれはだめだ、今後とても維持できないと考えた。国で予算を切られたら町がもたない。

そこで、民間団体と協力しながら、機械は買うが競争させるよとして、一社だけに頼らないでやった。だから通信料を含めてかなり安く抑えられて、他の町と同じくらいの総額でできた。

その後、予想していたとおり、国が通信料を出さなくなった。国は通信料まで出すからやれといっておいて、会計検査院から「なんで通信料まで払ってるんだ」と指摘されたら、ころっと変わる。タブレットを続けるなら通信料を役場でもてという話になった。それで他の自治体は止めた。そのタブレットを回収して、そこから希少金属を取り出してオリンピックのメダルを作ろうということをやっている。

第二次の復興計画も策定した。避難指示解除の話が出てきて、状況が変わってきた。仮設住宅を畳みつつ災害公営住宅の建設も始まっていた。当初の計画からだいぶ遅れていた。本当だったら避難指示解除前にいったん県内各地の災害公営住宅に入ってもらって、そこで帰る準備をしたうえで浪江に帰ってもらおうという計画だったが、土地の取得などを含めて、災害公営住宅の建設が二年ほど遅れていた。

だから災害公営住宅に入る時期と避難指示解除の時期が重なってきてしまった。町民から「なんだ、俺を町外の災害公営住宅に入れておいて、おまえらは浪江に帰るのか！」「俺のことぶん投げていくのか！」という声がすごく出た。避難指示解除に向けての住民説明会でも批判があった。

こんなふうに状況が変わってきたので二次計画をつくらざるを得なかった。避難指示を解除しようというのに、市街地の整備計画がそれまではなかった。とりあえずは役場周辺を拠点として再興すると書いてあったが、具体的にどうしていくのかというのがなかった。だから、そこを具体的に打ち出す必要があった。

こういうお金（交付金や補助金など）があるよということを国や県と相談しながら具体化を図っていく。いわゆる復興交付金で始まったものも、避難から避難指示解除、帰還するにあたっての補助金に変わってきて、同じ中身でも制度が変わったりしていた。町ごとのステージが違うので使えるものに変えてくれというのだが、そんなに簡単に制度を変えてくれない。でも、こちらは必要なので、本当に屁理屈みたいにしてやるしかなかった。

例えば浪江では役場の帰還に際して、職員の宿舎を借り上げていた。職員も避難生活を続けているし、浪江の中の自宅は解体してしまったり、帰還困難区域にあって住めない職員もいるので宿舎が必要だった。富岡町では郡山市から職員が通勤するためのバスの経費をもらっている。富岡町に対してバスで送り迎えする金を出すのなら、それに代わるものとして浪江は宿舎の借り上げなのだといってきた。

ところが国は、あくまでも避難指示が解除される前に町の整備を進めるための制度だから、避難指示が解除されたらそのための金は出せないという。しかし浪江で今それをやられたら、職員は辞めてしまう、帰還促進どころじゃなくなるよという話をした。

だから無理無理やっていた。会計検査が入る段階で、国からは「覚悟してね」といわれた。「返せといわれたら返さなくてはならないよ」といわれたが、「じゃ、その時はけんかすっぺ」といって乗り切った。

†農地保全と除染——「やりません」じゃなくて「やれることを見つけて」

復興庁は何とかわかってくれることが多いが、こういう事例もあった。帰還困難区域の農地などに雑木が生える。あれを何とかして欲しいという要望をずっとしてきた。そうしたら、木だけ伐採しますときた。草を刈るのは別の事業があるからそっちでやれと。それも全体の一七パーセントしかやりませんよという。

それは現実に合わない。だって木が何本あるかわからないから、契約をするための積算もできない。復興庁ががんばって予算をつけてくれたので無下にはできないが、全然理屈が合わない。

そこで農水省の農地保全関係の補助金を持ってこられないかという話になった。全国的には遊休農地の解消に向けて農水省は動いているので、浪江の優良農地をああいうふうに放置しておいていいのかと詰めたら、農水省は「こんなところで誰が農業やるんですか?」という。「あんた何省だっけ?」とわざと聞いた。あるときは頭にきて胸ぐらをつかんだ。「他の省庁ならともかく、あんたにいわれることはない!」と。

時間が過ぎてくることによって、現実と制度が乖離してくることがいっぱいある。「この制度ではここまでしかみません」といわれるので、「今、状況はこうなんだ、これに使えるように何とかならないのか!」というのだが、「制度改正はちょっと難しいですよ」と逃げられてしまう。そういうことの繰り返しだった。

避難指示が解除された地区については、一応、除染は終わったということになっているが、浪江町では学識の先生方三人に入ってもらって除染検証委員会をつくった。その場で、それぞれの地区で問題になったところ、たとえば、「除染が終わって帰りたいと思っているが、測ってみると放射線量が高い。何とかしてくれないか」という声があれば、そうい

写真3-22　帰還困難区域の田畑は今や見る影もなく雑木が生えている（2020年3月）

写真3-23　帰還困難区域に広がるメガソーラー（2020年3月）

うところを検証しながら環境省に再度やってもらった。全部とはいかないが……。

いちばん問題になるのは、山はもちろん、裏山のようにちょっとした傾斜のあるところにある林。たとえ街なかでも、そこは除染していない。田んぼのところからちょっとこんもりしたところでもやらない。だけど、そこを除染しないと結局、そこから放射性物質が住宅に流れてくるので、放射線量が元に戻る。

それでは生活空間も放射線量が下がらないので、「何とかならないかな？」と環境省にいうのだが、「山はやりません」「はっきりいって放射線量は下がりません」としかいわない。

結局、山自体の除染が無理なんだ。除染の方法が見つからない。山の土を剝ぐといっても、現実には剝げない。林業関係者にいわせると、一〇センチの土をつくるのに何年かかったと思ってるんだ、と。仮に土を剝いだとしてもやっぱり放射線量が下がらないといわれたらどうしようもない。

除染検証委員会の他にも環境省と高線量部会で除染の検証を定例的にやっている。だからトラブルはだいぶなくなった。以前は、一方的に「やりません、やりません」といわれたが、「やりません」ではなくて「やれることを見つけて」ということをいってきた。環境省のスタンスも、最初の頃と比べるとだいぶ地元に対して協力的になってきている。やっぱり「人」（担当者次第）なのかな、と思う。

地元に入っている環境省の環境事務所のメンバーは、わりと現場で臨機応変に対応してくれる。復興庁と違って、環境事務所のメンバーは入れ替えがなく、所長を含めてずっといるということもある。

†避難指示解除の決断――「本当に帰れるのか？」

一部地域の避難指示解除に向けては、有識者で検証委員会を作って検討してもらっている。国は、年間放射線被曝線量が二〇ミリシーベルト以下などの条件をクリアしているから避難指示を解除してもいいというが、はたしてそれでいいのか。馬場町長も、有識者たちの意見を聞いて、復興計画でうたった中身がどこまでできたかとか、帰れる状況になっているのかというところを見てもらったほうがよいといっていた。ただ、責任も大きくて批判も受けやすいので、委員の先生方は就任を嫌がっていた。そこを何とかお願いをしてやってもらった。

住民説明会をやるときも、検証委員会の結果を出しながら説明していった。でも、本音では「こんなんで帰れるのか？」というのはみんな思っていて、「店もない、放射線量も下がってない、そんなところに帰れといわれたって帰れるわけがないよな」というのが大半だし、我々もそう思っていた。そうはいっても、これ以上避難指示解除を延ばしたら余計戻って来ないよなというのも正直あった。

一部地域の避難指示解除というのは、馬場町長にとっても苦渋の決断で、さぞかし重圧があったと思う。町長は震災後、胃を摘出したが、特に避難指示解除後もほとんど休みなしでだんだん調子が悪くなって、最終的に現職のまま亡くなった（三浦〔二〇二〇〕参照）。

浪江町の場合、避難指示解除のスタンスというのは、国からいわれたから解除するのではなくて、二〇一二年一〇月に策定した浪江町復興計画（第一次）において二〇一七年三月に希望者の帰還を開始するという目標を掲げていた。だから、それに沿って避難指示解除を国に求めるということで、国からいわれたからやるのではないぞ、うちが先に決めたのだぞと。

ただ、現実的にはかなり条件的にきつかった。放射線量も思うように下がらなかったし、やっぱり、避難指示が解除になると避難を続けていても賠償が打ち切られるというのが住民のほうでは問題になっていた。国もそこははっきりいわない。

それまで国は政策的には二〇一七年三月で賠償を切るといってきたが、賠償のスキーム（制度）からいくと賠償を切るとはどこにも書いてない。だから、住民懇談会などで住民に問われると国は「制度上はそうはなっていませんが……」とぼかす。すると住民は期待する。「出ないよ」と我々はいうのだが、住民は「まだ決まってないべ！」となる。

町のスタンスとしては、今解除しないと住民が帰って来られなくなるので解除するべきという思いがあり、そのことを含めてぎりぎりの線でこのタイミングだろうと、町長も最後には腹をくくっていた。この点について町長はわりとブレなかった。あの時は覚悟を決めていた。しかし、住民の意向としては、まだまだ帰れない、解除するべきじゃないという思いは多かった。

なかには、解除の時期を三月ではなくて四月までとか五月まで延期するという意見も議会の中にあったが、そんなふうに一カ月や二カ月延ばしたって何の意味もないよということで押し切った。

町長とは「本当に帰れるのか？」という話を何回もした。普通に考えたら帰れないという話もした。でも、このタイミングで解除しなくてはならないという話になって、あとは

写真 3-24　帰還困難区域の中の特定復興再生拠点ではようやく除染が始まった（2020 年 9 月）

写真 3-25　一方、それ以外の帰還困難区域ではいまだに除染も行われていない（2020 年 9 月）

国だぞと。この機会にどこまで国にやらせるかということを含めて、避難指示解除を決めていった。

帰還目標を立てた二〇一二年一〇月の復興計画については経産省から派遣された職員がかなり影響力を発揮したといわれているが、学識経験の先生は、どちらかというと理想論のところがある。確かにそうなったらいちばんいいが、今それをいったら進まないというところがあって、そういう点で先生方とぶつかったことはかなりある。我々がいえないところを国から派遣された職員にいってもらったこともあった。

†仮設住宅の廃止――なんで俺らは住み続けられないんだ

国や県というのは計画に則って予算執行するというスタンスがある。だけど、たとえば当初の計画には入っていないところに災害公営住宅が必要になることがある。町としては町外拠点として最初に三ヵ所を決めたが、それはここに拠点があれば何とかなるかなと思っていたから。

ところが住民の動きは町の思いとは関係がない。生活をしているわけだから当然動くことがある。そういった説得をしながら、現状としてこうなっているのでここに欲しいんだという理屈づけをして建ててもらわなくてはならない。

計画に載っていないのはだめといわれるから、どんな計画も総花的になってしまう。だから、どこの町の計画書かもわからない計画になる。自分のところにお金があって国や県の意向とは関係なくつくれるのならどんなふうにも計画をつくれるが、向こうは基本的にお金を出したくないから、計画にないものを何でつくるんだといわれる。

県が町といっしょになって国と向き合ってくれればいいんだが、そういうことはほとんどない。お金の絡むところでは県は国側につく。こっちとしては、県を仲間にして向こうを向きたいのだが……。

仮設住宅の廃止のときも、避難指示が続く双葉町、大熊町はそのまま延長になった。だけど避難指示が解除されない帰還困難区域を持っているのは双葉町、大熊町だけではない。そもそも仮設住宅の入居条件に区域は関係がなかった。それなのに、その延長のときには避難指示を条件に入れてきた。うちの住民からみると、同じように避難指示が続いている帰還困難区域なのになぜうちらだけ仮設住宅から退居しなければならないのかという話になる。

これも県ともさんざん交渉しているがだめ。住民に対して説明がつかなくなる。なんで俺らは住み続けられないんだという話にしかならない。そういう矛盾がいっぱいある。このまま復興期間が終わって国の予算がぱたっと切られたら、そのとたんにパンク。町内に住んでいるのは確かに一五〇〇人くらいだが、様子を見なければならないのは現在でも一万八〇〇〇人くらいいる。

固定資産税の試算をしてみたが、原発事故で資産価値が下がっているから一億円以上は減収になる。それに町民は避難先でも固定資産税をしっかり払っているから、「なんで(住めない)浪江に払わないといけないんだ」となる。

最初から一六〇〇人なら一六〇〇人、八〇〇人なら八〇〇人という人口であれば何とかやれる。だけど、一万八〇〇〇人から減るとなるとちょっときつい。このことを考えると、国のいう復興期間が終わったあと何年もつんだというのが、正直怖い。

5　副町長として——馬場町長を支える

†副町長就任──「どうするかってないべ」

馬場町長は二〇一一年五月九日という早い時期に、避難先で「暗中八策」という方針を自筆でまとめている。「①生活支援の充実をはかる」から始まる八本の柱立てになっていて、役場のやるべきことや今後の方向性を簡潔に、しかも的確に整理している。

馬場さんは当時から浪江町の経験を全国の原発立地周辺自治体に役立ててもらいたいということで各地を精力的に回っていた。だからあの頃はマスコミに対しても前面に立たなければいけなかった。ずいぶん役場の中にいてくれという話はした。外に出ていると最終判断をもらえないから……。

町長になる前の馬場町長とのつきあいはあまりなかった。でも、町長になってから、私がいちばん先に怒られた。町長選の公約で、窓口に来た町民を待たせない総合窓口課をつくるというのがあった。就任が一二月で、「俺の公約なんだからすぐやれ！」と聞かない。私は総務課長補佐をやっていたので、「これをいまやっても、住民は喜ぶより混乱するだけだから、最低でも四月です」という話をしたら、「やらない理由を付けるな！」といきなり怒られた。

私は二〇一五年三月末で定年退職になって、そのあと役場で臨時職員として総務課で管財の仕事をしていた。そしたら八月で前の副町長が突然辞任した。健康上の理由ということだが、辞めざるを得ない事情もあって辞めた。その一二月に町長選挙があったので、それまで町長一人ではもたないなと思っていた。しかも九月議会の直前だから「町長、どうするんですか？」と聞きにいったら、「どうするかってないべ。お前やれ」という。

　一週間後に県に行って県にも副町長を頼むので、それまでに返事をよこせと。「はあ？一週間？　ええ？」と思って。ただ、副町長どうのこうのというよりも、町長選挙がもたないなというのが正直あった。町長選挙には対抗馬が出ることになっていて、何とか馬場

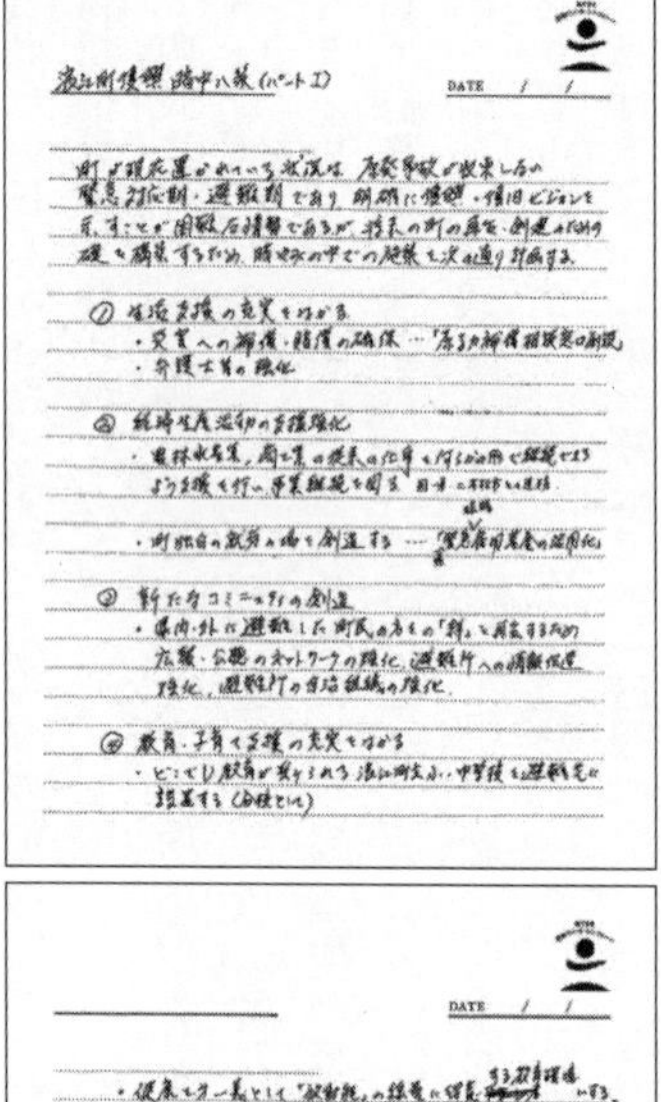

写真3-26　馬場町長が避難先でレポート用紙に自筆で書いた「暗中八策」の一部（2011年5月9日）

町長を支えなくてはならないと。今までいっしょにやってきて、もう少しで避難指示解除だというのに職員がかわいそうだなというのもあって引き受けると返事した。

「選挙が終わったら俺は用済みだから、そこで辞めるからね」という話もしたが、「バカヤロー！」と怒られた。でもそのくらいの気持ちだった。

八月いっぱいで前の副町長が辞めて九月半ばにもう議会が始まるわけだから、本当に時間がない。県からも出すとなって、二人とも九月の議会で議案を上げて、副町長二人が認められた。

†馬場町長のこと──「これからの町、どうしたいんだ?」

副町長は震災後二人制になっていた。二人制のほうが震災関連の仕事量からいって適切だった。前任者は町出身の人だが福島市在住の県職員OBだったので、私が就任後町民から「やっと今度は文句いえるのが来たな」といわれたときには、ああ、こういう感覚で町民はとらえているのだなというのをすごく感じた。

もう一人、いっしょに選任された本間副町長は県から来た人なので、いつも町長に呼ばれるときは二人とも呼ばれたが、県とか国とかに何か要請したいときには本間さんを呼んで段取りをしてもらっていた。逆に県や国に文句いうときはだいたい私だった。町長は面と向かって県とか国とかに文句はいわずに、「わかりました」といって帰ってくるから、文句をいうのはだいたい私が請け負っていた。

私自身は忘れていたが、議会事務局長だったときに、ずっと町長批判をしていたらしい。だから、副町長に選ばれたときに、「あんなに町長のこと、くそみそにいっていたのに、副町長やるの？」といわれた。

副町長を辞めるときも、当時いた新聞記者とたまたま会ったら、「なんで副町長をやったんですか？」「議会にいたときすごく町長のこと批判していたじゃないですか」といわれて、「ああ、そうだった？」と反省した。

馬場町長は、自分で決めてこれやれというよりは、みんなの意見を聞きながらいい方向に行こうというスタンスだ。自分ではこうしたいなと思いながらも、やっぱり町民やら国や県やらに押されてやらざるを得なくなってきているのかなというところが正直ある。

また若い職員と話をしたくてしょうがないので、よく、若い職員を集めては懇談会をやっていた。係長や課長といった役職についた職員は同席させない。我々からするといろいろ我々の悪口をいわれそうで警戒するのだが、そういう意図ではなくて、「これからの町、どうしたいんだ？」「どういうことを自分だったらやりたいんだ？」ということを若い職員から引き出そうという意欲がすごかった。震災後も機会あるごとに職員を集めてやっていた。「会議室で集まってもみんなしゃべられないべ」といって、酒飲みの会に町長が来て若手としゃべったりもしていた。

ただ、地雷を踏むととんでもないことになる。私はいちばん先に怒られてるからなんてことないが、課長の中で町長を怖がっていたのはずいぶんいた。

†双葉郡八町村の連携——お決まりコースで筋書きどおり進むような会議

双葉郡には町村会があって、通常はそこで八町村の連携が動いている。原発事故後、私が復興推進課長だった頃は、国主導で福島県が一二市町村（双葉郡八町村に加えて、田村市、南相馬市、川俣町、飯舘村。一度は避難指示が出された市町村）を集めて復興に向けての会議をやっていたので、どちらかというと双葉郡内だけというよりは一二市町村での会議が非常に多かった。

県知事や大臣が来たところに一二市町村の首長が全部集められて会議をやる。その前段として幹事会みたいな各担当課長や、あるいは副町長が集まっての会議があったりした。しかしどちらかというと国や県からの一方通行の会議が多かった。

大臣とか県知事がいるところで、まずは各市町村で今どんな状況だという報告をするが、国からは「こういうことをやりたいんだ。それについて各市町村ではどうだ」という話の流れになる。発言時間が制限されていて、お決まりコースで筋書きどおり進むような会議が多かった。

一二市町村もあれば一人五分しゃべっても一時間になってしまうし、いちばん最初にしゃべる人が時間を守らないと会議が長くなってきて、最後のほうになってくると全然しゃべれなくて終わるということが結構あった。

首長が集まる前段として準備会議があって、そういうところには何回か行った。最初のうちはどの市町村も首長が出ているが、形式的な会議だということがわかるとだんだん代理が多くなってくる。自分の町でやっている復興の会議は、国と県が入ってやっていたので、自分の町のことは別に決められるから、そんな会議に行っても何にもならないというところもあった。

結局、「うちはこんなことやりました」「こういうのをやっています」という各市町村の成果発表会みたいになる。先に避難指示を解除した市町村ではそういう「成果」がいっぱいあるが、まだ避難指示が続いている我々みたいなところは「成果」がなくて、これからの課題しかない。一二市町村という枠では問題を共有して「こういうふうにがんばりましょう」という話にはならない。

結局、国や県が主導する福島イノベーション・コースト構想みたいな話になってしまう。

そうすると、「あっちの町はいいだろうがうちの町は何もない」とかが始まる。そういう会議だった。それぞれの町村が単独で要望活動をすることはあったが、八町村でまとまってというのは効果がなかった。

広域事業――だけど腹の中はみんな違う

双葉郡八町村ではそれまでも一部事務組合（双葉地方広域市町村圏組合）を作って広域行政をしていた。広域でごみ処理場や火葬場などの施設を持っていたが、原発事故後は避難指示が出て使えなくなっていたのでストップしていた。広域の消防はずっと動いていたから、そっちの関係の集まりはあった。

少しずつ避難指示の解除が始まると、火葬場の問題が起こる。火葬場は双葉町にあったが、そこは帰還困難区域で長期間にわたって使えそうもない状態だったので、「これから必要な施設なのにどうするんだ」ということになる。「じゃあ、広野町など南のほうですでに避難指示が解除されている地域のどこかに適地を見つけなくてはならないだろう」と決めていた。だけど、用地交渉が難航したりしてなかなか決まらないままだった。

ところが避難指示解除が進んできて、帰還困難区域の中でも特定復興再生拠点区域が指定されると、双葉町にある火葬場は建物が壊れていないのだからそこを再生しようという声が出てくる。それで双葉郡内の北の町村と南の町村との間でもめる。

南の組は、「南に建てるといったのに、なんで今頃、北を直せという話になるのか！」という。だけど、北の組の我々からいわせれば、「南で建てるといっていたのに場所もいまだに決まらない。もう何年たっていると思っているんだ。既存のものを直したほうが早いんじゃないか！」という話になる。

そこで北と南が本当に分裂くらいまでいったが、結果的には二つともつくることになってしまった。そんなに人が帰ってこないのに二つも必要なのかという議論も当然あって、議会側では猛反対。

とりあえず既存の火葬場については再生する方向でやろう、そっちが早くできればそれでいいだろうと。だけど、それが間に合わなければ新しい火葬場をつくろうという話になった。だけど腹の中はみんな違う。

また郡立（一部組合立）の診療所をつくったので、そこでは八町村の枠組みが生きている。大熊町にあった県立病院と双葉町にあった厚生病院のいずれも現在は閉鎖されているので、「俺らのところにあった病院をどこにつくってくれるのだ」という話になる。そこで、大熊町はいわき市の好間に、双葉町はいわき市の勿来にそれぞれ郡立で診療所を設置するという話に決まった。

そこの運営費も半端ではない。いわき市の住民がそこの診療所に来ても文句はいえないから、町村別の利用者割りで運営費を賄うというわけにいかない。一部事務組合の分担金は町村別の人口割りだから、人口も面積も郡内では一番大きい浪江町の負担が多くなる。はっきりいって、浪江町が三分の一を払っている。だけど、浪江町はいわき市にある診療所から一番遠いので利用者も少ない。

大熊町も基金が七〇億円以上あるので、単独でやりたいと国にお願いしていることがいっぱいある。だけど、国は単独ではだめだと止める。国は、近隣の町村と共同でやるなり、国の銭を使ってやってくれというい方をする。

国は規制をかけたい。町が単独で自由にやられると締めつけられない。例えば避難者の住宅借上も、大熊町では単独で経費を持ってもいいからあと一〇年やらせろといっていた。だけど、同じようなことが周辺の町村ではできないから国が調整に入る。

常磐線にJヴィレッジの新駅を作る件についてももめた。Jヴィレッジという日本有数のサッカー施設があって、事故後は原発事故処理の最前線基地になっていたが、復興の一環として再開されることになった。その新駅の負担は、JRが三分の一で、県が三分の一、双葉郡が三分の一になって、双葉郡のうちの三分の一を浪江町が払わなくてはならない。

そこで葛尾村と川内村が、駅も鉄道もないのになぜうちが払わなくてはならないのだという話になって、それぞれの負担割合を半分にしたものだから、そのしわ寄せで浪江町の負担がまた高くなる。駅があるのは楢葉町と広野町の中間だから、浪江町の人は利用しない。だけど、Jヴィレッジの振興を図るためという名目で我々も負担している。

†職員間の交流——一〇人いれば一〇の悲しみ苦しみが聞ける

原発事故前から職員同士の情報交換みたいなことはあった。私は、当時から、双葉郡内の各町村の担当者と連絡を取り合っていた。議会事務局にいたときもそう。昔は必ず同じ担当をする部署が集まる担当者会議があったが、官官接待が問題になった頃から廃止されてしまった。

でも同じ担当同士で顔も知らないということはないだろうということで、自分としては、あちこちの町や村に出かけて、同じ担当課を歩いて顔つなぎをしながら仲間づくりをしていた。震災の時にはそういうことが役立った。大熊町や富岡町などとはそうした知り合いを通じて震災後の対応にあたっていた。

たとえば、議会事務局は県の議長会総会があるときに前泊する。福島市でやるときには、全員、吉川屋（穴原《あなばら》温泉にある旅館）とかに一晩泊まる。そういうときを利用して、議長は議長同士で会食しているが、事務局長は事務局長同士で集まって、震災のときはどうだったのか、どんな避難をしたのかという話を聞いたりした。たまたま自分たちのときは近い年齢の人が多かったせいか、事務局長がみんなで一部屋に集まってやっていた。

我々は自分たちの町のことはわかるが、原発事故直後の避難のことなど、他の町のことはお互いにわからない。話に聞いていることと実際の話とは全然違うので、お互いに「聞かないとわからないね」という話になる。

大熊町、富岡町、葛尾村というのは、原発事故直後の避難の過程で、たまたま三春町でいっしょになった。葛尾村の議会事務局長は私と同い年で、それで一度みんなで連絡を取り合いながら情報交換をしたこともある。

そんなときに聞いた話で驚いたことはたくさんある。たとえば、当時、原発立地町の大熊町は、我々からすると国が全部を手配してくれて避難を誘導してくれたという印象をもっていたが、大熊町や双葉町の連中に聞くと、実際には、国からはほとんど連絡がなかったみたいだった。

大熊町の避難もただ西に行けというだけで、受け入れ先が決まってから出発したわけではないらしい。それぞれ行く先々で交渉しながら避難先を確保したという経過を初めて知った。

当時の大熊町の議会事務局長の話を聞くと、自分は最後の部隊で現地に残って家族だけ

写真 3-27　震災遺構として保存される請戸小学校（2013 年 7 月）

写真 3-28　卒業式の準備中だった請戸小学校体育館（2013 年 7 月）

を先に送り出したらしい。涙なみだで今生の別れをしたという。「えっ」とその時はびっくりした。原発の状況がわかっているから、自分は残らなくてはならない、だからこれで本当に家族と会えないのかなと思って別れたという話を聞いて、「ああ、そうなんだ！」と。

当時は自分たちのような隣接自治体だけが苦労させられて、「あいつら（立地自治体）はいいよな」という感覚でしか見ていなかったが、涙なみだでバスに乗せてやったといわれると自分が恥ずかしくなった。みんなそれぞれにドラマがあって、一〇人いれば一〇の悲しみ苦しみが聞ける。

†町村長間の関係――「国とけんかして金が取れるか」

馬場町長と他の町村長との関係について、馬場さんは持論を持っていながらも、住民の声を聞きながら進めていくというスタンスをずっと変えなかった。それで自分の首を絞めたのかなという気もする。ＡＤＲの集団申立て（二〇一三年、浪江町では町民の七割以上にあたる約一万五七〇〇人の代理人となって、原子力損害賠償紛争解決センターへの申立てを町として行った）は極端な例ではないか。

要は、住民の思いを早く解決してやりたいという気持ちが強かった。このままふるさとを奪われて生活再建もできなくてという話があってなるものかと。住民の多くがそれを望んでいるのならやらなくてはだめだというところがあったと思うが、双葉郡内の他の町村長からはずいぶんバッシングを受けた。

他の町村にもいっしょにやらないかと声をかけたのに、「国とけんかして金が取れるか！」という話になって、「止めろ！」とずいぶん責められた。たとえば原発立地町からすれば東電とけんかしたくないし、東電ともめてはだめだという意識が前提にあるから、そういういわれ方をした。

しかし、馬場町長からすれば、それよりも住民のために俺ができるのはこれだというところがあった。住民が東電と裁判ということになったら何十年かかるかわからない、だったらＡＤＲで解決できるものならば何とかやってやろうという気持ちがあったと思う。

ＡＤＲなんかやっているから復興が進まないといわれた時期もあった。本当にそうかはわからないが、少なからず影響はあったのではないか。馬場さんだからある程度はできたが……。

原発事故直後、町村長が集まって東電に要望に行ったときも、原発立地町と火力発電所のある広野町は「いやあ、ご苦労さまです」「こっちで握手しよう」だから。被害を受けた町村長が、「おまえら何をやってるんだ！」といって乗り込んでいっても、八人の町村長のうち五町は「どうもどうも」とやっているんだから、それで交渉などできるわけがない。

今は町村長もほとんど変わってしまったが、当時は東電とよろしくやっていた人たちばかりだからみんな東電と知り合い。そうなると、浪江町のような隣接自治体は悪者の役回りをさせられてしまう。国や東電にいいたいことがあると当時双葉地方町村会長だったうちの町長をつついて、「俺はいえないからいってくれ」となる。

写真3-29　浪江・小高原発建設予定地だったところに建てられた福島水素エネルギー研究フィールド（2020年3月7日、毎日新聞社）

†これからのこと——正直私もこれからどうしていくかまだ判断がつかない

職員が辞めると、新たに職員の採用をしなければならない。二本松市に仮役場があるときは、採用試験の受験者がある程度は集まったが、役場が浪江町に戻ってからは集まらなくなった。特に浪江町出身の人たちの応募は少ない。受験者はそれなりにいたが、実際に採用内定が決まってもキャンセルが多かった。成績上位の三人くらいがみんな来なかったこともあった。

確かに受験者はみんな掛け持ちで受験しているから、こっちよりあっちのほうが条件や環境がいいとなれば、キャンセルするのも当然といえば当然だが、役場とすると職員が欠員になってしまう。受験者の実力差も大きい。だから、成績下位の受験者を補欠として確保しておくわけにもいかない。

私は二〇一二年一二月に、避難先の二本松市に家を建てた。職員の中では私がいちばん早いくらい。その頃は、まだ賠償も進んでなくてお金がないので、現役の職員のうちでないと住宅ローンが組めないから急いでいた。それに両親がいると、アパートにいてはどうも落ち着かないので、このままではだめだなという事情もあって家を建てた。

職員の多くが避難先に家を建て始めるのは二〇一四年以降だったろうか。それぞれ家庭状況によって違う。子どもがまだ小学生や中学生のうちに家を建ててしまうと、そのあとどうなるかわからないからという事情もある。

二〇一七年三月に浪江町へ帰るという目安が掲げられた頃になると、職員の中でも帰還

写真3-30　2020年8月にオープンした「道の駅なみえ」

困難区域に家のある人たちは、もう近々には帰れないから避難先に家を建てるかということになる。まだあの頃は、今みたいに特定復興再生拠点区域という制度もなかったので、覚悟を決めて避難先に住宅を再建したという職員は多かった。

　退職を機として避難先に家を建てるという職員もいた。震災当時いた職員はもう半分もいない。他の町では早期退職も多かったが、浪江町では一〇人までいない。ただちょうど年齢的に、団塊の世代の終わり頃なので、毎年一〇人ずつくらい定年でどーんと辞めていった。

　二本松市に家を建てて生活しているが、特例法の適用も有り自分の住民票はまだ浪江町にある。正直なところ、本当だったら二本松市に住んでいるので二本松市に住所を移すべきだなと思う。職員の中には、子どもの学校とか親の介護の関係があって住民票を避難先に移した人もいる。正直私もこれからどうしていくかまだ判断がつかない。なかなか割り切れない。

　浪江町にある自宅は、帰還困難区域内だが、特定復興再生拠点区域になったので解体した。今は、土地の管理のために月一回程度通っている。隣近所もほとんど住宅は解体している状況で、元のコミュニティはない。でも先祖の墓地はある。これからのことをだんだん考えていかないと。

震災からまもなく十年。多くの国民は、被災地はすでに復興し以前と変わりない生活に戻っていると思っているかもしれない。解除された地域では、鳴り物入りで箱物はできているが、住民の帰還は進まず、市街地ですら空き地が広がっている状況だ。帰還困難区域では、未だに許可をとらなければ自宅に立ち入りができない。その上、震災後全く手を着けられないまま放置されて雨漏りする住居の修繕もできず、朽ちていく家屋をただ見ていることしかできない状況にある。緑豊かな耕地も、その面影すら解らないほど荒廃した姿をさらしている。これが現実なのだ。

一刻も早く帰還困難区域の全体の除染や家屋の解体に向けた方針を示して欲しい。住む住まないに関係なく原発事故前の環境に戻して欲しい。町内全域の除染を終えてこそ本当の解除となるのだから。国として最後まで責任を持って取り組んでほしい。

＊本章は、二〇一八年九月二八日、同一二月七日の自治総研・原発災害研究会によるインタビューと、二〇一二年八月八日の今井照によるインタビューをもとに、今井が再構成したものであり、文責は今井にある。また本章の一部には『自治実務セミナー』二〇一九年四月号から二〇二〇年一一月号まで連載された内容が含まれている。

第四章
データから見た被災地自治体職員の10年
今井 照

手書きの紙で表示された災害対策本部。翌日には役場丸ごとの避難をすることになった（総合文化施設「学びの森」に置かれた富岡町災害対策本部）。

1　生活環境――事故前採用職員に強いストレス

†事故前からの職員は四分の一程度

第二章、第三章での具体的な証言を踏まえて、被災地自治体の職員が事故後、どのような生活環境で暮らし、どのような職場環境で働き、何をどのように考えてきたのかということについて、いくつかの調査から統計的に紹介したい。使用する調査は次の三つで、特に③の調査については、高木（二〇一八、二〇二〇）に詳しい報告があり、ここでもその成果の多くを活用している。

①「被災自治体職員の『こころの健康』調査報告書」全日本自治団体労働組合（二〇一二年九月）――有効回収数六二七四

②「被災自治体職員の『第二回こころとからだの健康調査』報告書」全日本自治団体労働組合（二〇一五年一月二九日～三〇日）――有効回収数六五二四

③「原発被災自治体職員アンケート調査（第二次）調査報告書【概要版】」自治労福島県

本部（二〇一八年三月）――有効回収数一六七三

これらの調査はいずれも被災地自治体の職員（組合員全員）を対象としたもので、有効回収数からみても大規模な調査になっている（調査の詳細については今井〔二〇一九a〕参照）。特に③調査については、調査対象自治体における組合の組織率がほぼ一〇〇パーセントなので、管理職層を除くとほぼ悉皆調査になっており、信頼性が高い。

被災地自治体職員の活動や意識は幾重かの疎外構造で成り立っている。自分もまた被災者の一人でありながら、住民をはじめ行政組織外に対してはその立場を表現する道が自制され、一方で国や県、あるいは知事や市町村長と面するときは、統治構造の先端的役割を求められる。

ただしこの疎外構造は当然のことながら、個々の職員が置かれた環境によっても異なる。たとえば介護の必要な高齢者を抱えているなどの家庭環境によっても異なるし、正規、非正規、他自治体からの応援などの雇用形態によっても異なる。結果的に年齢や性別でも特徴が出る。

特に原発事故被災地自治体の職員調査で一番顕著に出るのは、事故前からそこで働いていたか、あるいは事故後に採用されて働いているかの違いである。もう少し具体的にいい換えると、事故前の地域や住民を知っている職員と知らない職員との間に意識上の差が出やすいことがわかっている。

図4-1は③調査の対象者を雇用形態別にみたものである。正職員がおよそ半分で、臨時・非常勤職員と任期付職員を合わせると約三分の一となる。被災地自治体の特徴として、他の自治体などからの応援（派遣）職員が六分の一ほどいる。

そのうち正職員の内訳を居住地と合わせて分類したのが図4-2になる。四三・六パーセントの「事故後入職」というのが、事故以後に採用された職員の割合になる。被災地自治体の地域環境にもよるが、おそらく現在では半数を超えている自治体が多くなっていると思われる。

この二つの図を組み合わせて理解すると、被災地自治体の職員のうち、正職員は半数で、その正職員のうちさらに半数近くが事故後採用職員ということになる。逆にいうと、事故前からその役場で働いている正職員は全体の四分の一程度になっている。

どうしてこういう構造になってしまったのかというと、事故直後、中途退職をする職員が多かったためである。とりわけ長距離かつ長期間の避難など過酷な環境に置かれた原発立地自治体で、間もなく退職という五〇歳代の職員が目立った。こういう職員は係長や課長などの管理監督者層が多かったので、その後の行政運営に大きな支障をもたらした。また南相馬市では市立病院勤務の技術職にも中途退職者が多かった。

被災地自治体の応援職員数（任期付採用職員と他自治体等からの派遣職員）の推移については西田（二〇二〇）に詳しい。岩手県、宮城県の市町村の応援職員数は二〇一五年をピークとして減少傾向にあるが、福島県ではその後も増え続けている。第二章の大熊町と第三章の浪江町の応援職員数の推移は表4－1のとおりである。避難指示解除が進むにつれて伸びていることがわかる。

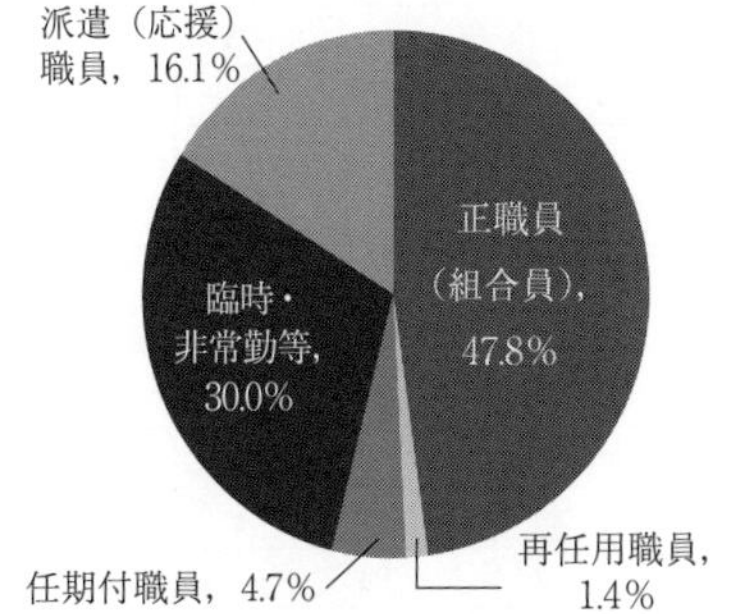

図 4-1　被災地自治体職員の雇用形態（2017 年 6 月現在）
〔出所〕自治労福島県本部の把握数から筆者作成

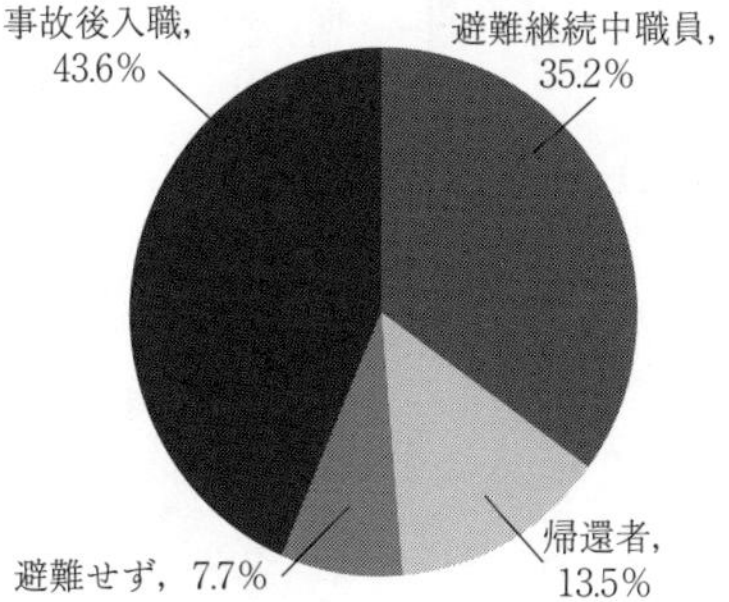

図 4-2　正職員の内訳
〔出所〕③調査

	大熊町			浪江町		
	任期付採用	派遣	計	任期付採用	派遣	計
2013 年度	0	5	5	9	13	22
2014 年度	2	6	8	16	20	36
2015 年度	6	11	17	9	27	36
2016 年度	0	12	12	23	25	48
2017 年度	7	10	17	84	39	123
2018 年度	7	13	20	107	42	149
2019 年度	7	13	20	110	47	157
2020 年度	4	18	22	92	45	137

表 4-1　大熊町と双葉町の応援職員数の推移
〔出所〕西田（2020）から筆者作成

応援職員数は、今や浪江町では一般行政職の職員数に匹敵するほどの数になっており、大熊町でも約四分の一に匹敵する。復興のステージを考えると、両町ともに今後もますます業務量が増加することが予測され、応援職員も増えていくことが推測される。

六割以上が避難継続中

図4-2からはもう一つ、事故前からその役場に働いている正職員の六割以上が元の住まいに住んでいるのではなく、避難先か新しい居住地で暮らしていることがわかる（この人たちを「避難継続中」とする）。ただしこの割合は自治体間の差が大きく、南相馬市ではもともと避難指示が出ていた地域が小さいため、避難継続中の人は三分の一程度だが、大熊町や双葉町ではほぼ一〇〇パーセントになる（表4-2）。

避難継続中の正職員のうち、事故前の自宅が住める状

		南相馬	広野・川内	飯舘・富岡・楢葉・浪江・葛尾	大熊・双葉	全　体
居住場所 注1)	震災前と同じ	64.4%	43.5%	9.5%	1.3%	39.1%
	震災前とは異なる	35.6%	56.5%	90.5%	98.8%	60.9%
	N	306	62	169	80	617
家族分離 注1)	家族分離あり	35.2%	49.2%	65.7%	72.2%	49.8%
	家族分離なし	64.8%	50.8%	34.3%	27.8%	50.2%
	N	304	61	169	79	613
自宅の状況 注2)	居住することができる	30.3%	55.9%	31.3%	18.2%	30.5%
	修理をしないと住めない	14.7%	5.9%	14.0%	19.5%	14.6%
	建て替えをしないと住めない	5.5%	2.9%	9.3%	27.3%	11.4%
	解体・譲渡などで今はない	18.3%	5.9%	20.7%	13.0%	17.0%
	その他	31.2%	29.4%	24.7%	22.1%	26.5%
	N	109	34	150	77	370

表4-2　自治体別の職員の生活環境
〔注1〕事故前採用の正職員　〔注2〕事故前採用の正職員のうち避難継続中職員
〔出所〕③調査

態にあると答えた人は三割で、残る人たちはすでに解体していたり、修理をしないと住めないなど、すぐには住める状態にない。つまり、仮に避難先から戻ると思ってもそもそも住める自宅がない職員が多い。こういう状態は職員のみならず、住民の間でも一般的な傾向とみられる。

避難継続中の人たちに今後の住まいをどうするかと聞くと、引き続きそのまま住むとした人が半数を占め、事故前の居住地に戻るとした人はわずか六パーセントにしか過ぎなかった（図4－3）。しかもそのうち四割は家族を避難先に置いて自分のみ戻るとしている。

しかし現実はそういう職員たちには有形無形の圧力が加わる。自治体としては避難指示を解除し、役場としても元の地域に戻っているにもかかわらず、職員が避難先から役場に通勤することに対して、と

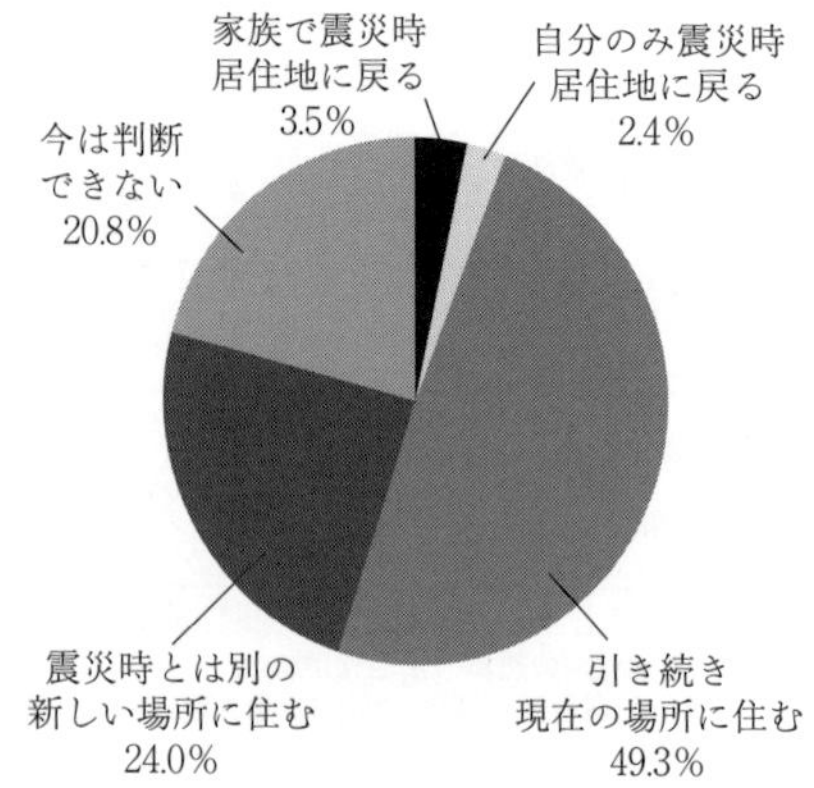

図 4-3　避難継続中正職員の今後の居住地動向
〔出所〕③調査

りわけ町村長から非難の目で見られることがある。処遇に差をつけるという話が出たこともある。

避難先にとどまるということにはそれなりの事情がある。たとえば子どもがいたり、高齢者がいたりすれば、これだけ長い間、避難先で暮らすと学校や病院などとの密接な関係が生まれて、簡単には戻れないということが起こる。すでに触れたように、現実的には住める住宅がないということもある。もちろん廃炉作業や中間貯蔵施設など、地域環境への危惧がある。実に七四・九パーセントの職員が、福島第一原発の現状や将来に対して不安を感じている。

避難継続中の正職員の現在の住まいは、持ち家が四六・八パーセントで、家族が所有する住宅を含めると六割弱となる。これに対して仮設住宅・みなし仮設は九・七パーセントである。つまり、半数の人たちは避難先に住宅を再建しているので、土地の所有という側面では避難先と避難元との二カ所を管理している職員が多く、二地域居住になっている。

		低い	中程度	高い
全　体（1,723）		28.0%	34.4%	37.6%
年齢	20 代（326）	36.5%	36.5%	27.0%
	30 代（407）	30.0%	35.1%	34.9%
	40 代（450）	23.8%	32.9%	43.3%
	50 代以上（436）	25.5%	34.4%	40.1%
雇用形態	正職員（事故前採用）（609）	16.1%	32.0%	51.9%
	正職員（事故後採用）（460）	36.3%	35.2%	28.5%
	非正規（542）	33.9%	35.1%	31.0%
通勤時間	10 分以内（240）	35.4%	33.8%	30.8%
	10〜20 分以内（635）	28.8%	35.3%	35.9%
	20〜30 分以内（281）	26.7%	37.0%	36.3%
	30 分〜1 時間以内（339）	26.3%	33.9%	39.8%
	1 時間以上（179）	21.8%	29.6%	48.6%

表 4-3　属性別にみた生活上のストレス
〔出所〕③調査

あるいは「通い復興」ともいえる。

一般的な住民の「通い復興」は、住んでいる地域と平日の生活圏が避難先で、休日などに避難元の家や土地にときどき帰って管理をすることだが、役場職員の「通い復興」は職場が避難元にあり、避難先は寝るところになっている点が異なる。日々の移動距離は避難先と避難元を毎日往復する役場職員の方が長くなる。

生活環境へのストレスについては五項目を挙げて、「強く感じる」から「全く感じない」までの四段階で聞き、その上で計数化したものを属性別にみると表４－３のようになる。際立って差が出ているのは、雇用形態別であり、事故前から勤務している職員のうち五一・九パーセントが強いストレスを感じているのに対して、事故後に採用された職員では二八・五パーセントと半分近くになる。事故後に採用された職員は現在の生活環境を前提として採用されているのに対して、事故前に採用され

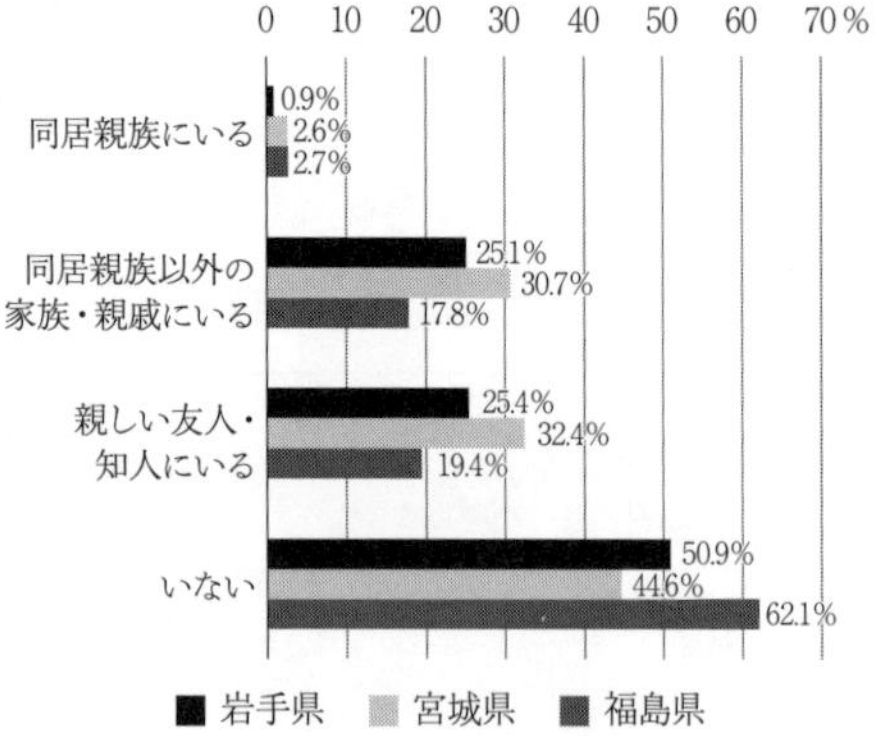

図 4-4　周りの方で震災または震災に関連して亡くなられた方はいるか（複数可）
〔出所〕②調査

た職員は事故前の生活環境が前提にあるからと思われる。通勤時間の長短によるストレスの差も顕著に現れている。

避難継続中の職員からの自由記述の回答の中に次のようなものがあった（自由記述については、読みやすく、また個人が特定されないように改変しているところがある。以下同じ）。

「職員の生活の本拠は中通り（福島県の中部地域。福島市、郡山市、須賀川市などを指す）、ほぼ全員が単身赴任、二重生活の状態にある。数年は良いかもしれないが長く続かない。現に、三〇～四〇代の早期退職者が出ている」

「今後の復興の進み具合で人事異動により家族が更にバラバラになる」

「これから避難指示が解除される予定で、役場が戻った際、退職せざるを得ない職員が多く出るのでは？」

職員もまた被災者であることを示すデータとして、周囲に犠牲者がいるかどうかを聞いている（図4－4）。半数前後の自治体職員が、同居親族を始め、家族や親しい友人・知人の死に遭遇していた。

2　職場環境——役場内で議論ができていない

†片道通勤距離一二〇キロ

以上のような生活環境は直接的には通勤時間へと反映される。非常勤職員を含めた全職員の平均通勤時間は二四・三分で、正職員に限れば二六・〇分だった。大都市から考えると通勤時間が短く感じられるが、この地域で通勤通学に使える公共交通機関は一部の自治体に限られていて、ほとんどの職員は自動車通勤か近隣から徒歩、自転車、バイクでの通勤となる。

通勤時間について自治体別に分析すると表4－4のようになる。明らかに避難継続中と帰還との間に二倍程度の差がある。帰還している職員の平均通勤時間は一五・八分である

		平均時間(分)	標準偏差	N
全　体	帰還	15.8	11.5	240
	避難	33.7	27.4	369
南相馬	帰還	16.2	11.2	196
	避難	22.0	18.7	108
広野・川内	帰還	8.9	5.6	27
	避難	43.5	26.7	35
飯舘・富岡・楢葉・浪江・葛尾	帰還	21.6	17.1	16
	避難	45.4	30.7	150
大熊・双葉　注1)	避難	22.4	18.3	76

表4-4　避難状況別にみた自治体別職員の平均通勤時間（正職員のみ）
〔注1〕大熊・双葉については帰還が1人いたが、掲載は割愛した
〔出所〕③調査

のに対し、避難継続中の職員では三三・七分となっている。富岡町は郡山市に役場が避難したので、役場が富岡町に戻っても郡山市から通勤する職員がいる。

一方、南相馬市の場合、避難指示区域は市内の一部であり、近隣に避難している人が多いためにそれほどの差が出ていない。また調査時点では大熊町と双葉町は役場もまた避難中であり、大熊町は会津若松市といわき市に、双葉町はいわき市に主要な事務所があったため、役場の近くに避難先の住まいを構えている職員が多いと想像される。

大熊町はその後、町内の大川原地区に新庁舎を建てて役場を戻したが、引き続き会津若松市から通勤している職員もいた。磐越道と常磐道という高速道路を利用することになるが、その距離は片道だけでおよそ一二〇キロ、一時間五〇分、高速料金一八四〇円になる。もちろんこれは特異な例であるが、個別の家庭の事情などから簡単には役場とともに住まいを移せない職員が他にもいるのは間違いない。

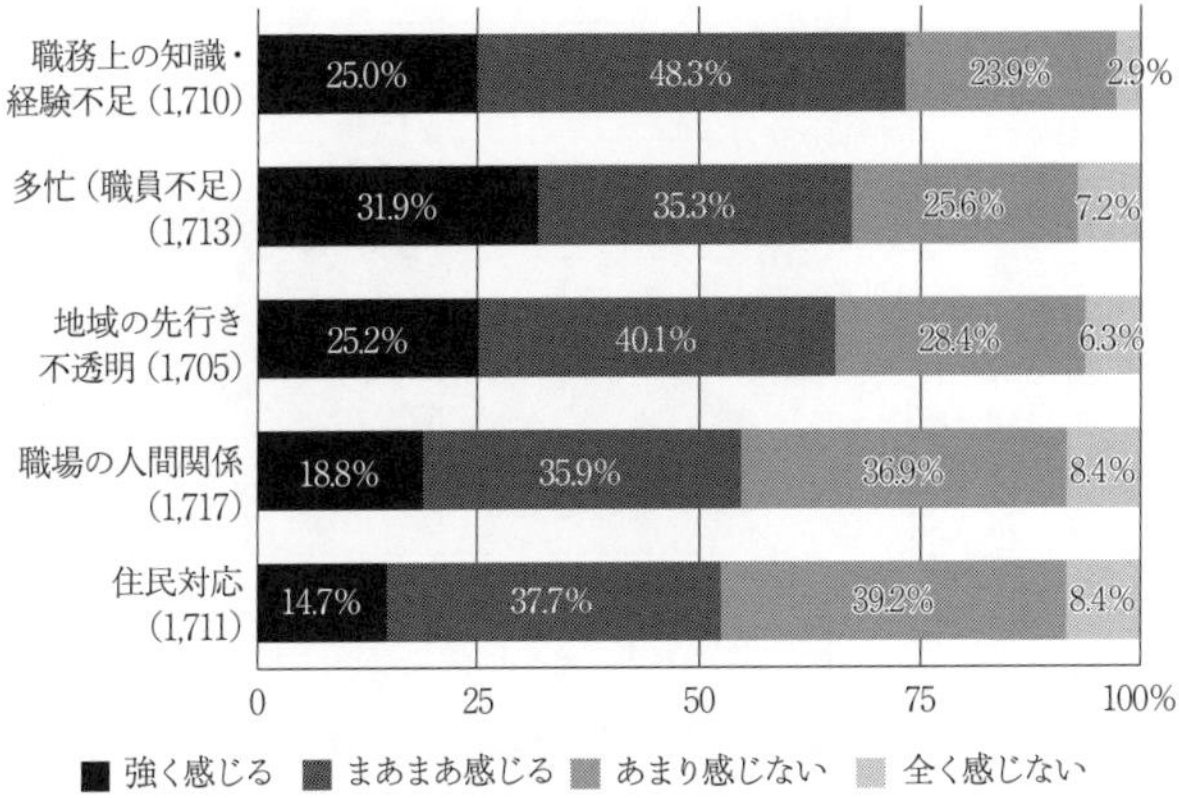

図 4-5　働く上でストレスに感じること
〔出所〕③調査

通勤時間については次のような自由記述の回答があった。

「七年間強制的に避難を強いられ移住先に定着した職員に対する『理解不足』を感じるとともに通勤や勤務体系について、これまでにない独創的な制度づくりが可及的速やかに必要であることを理解して欲しい」

決算額は三・七二倍

働く上でのストレスについては五項目を挙げて、「強く感じる」から「全く感じない」までの四段階で聞いたところ、職務上の知識・経験不足が一番多く、七三・三パーセントの職員がストレスを感じている。続いて、多忙（職員不足）六七・二パーセント、地域の先行き不透明

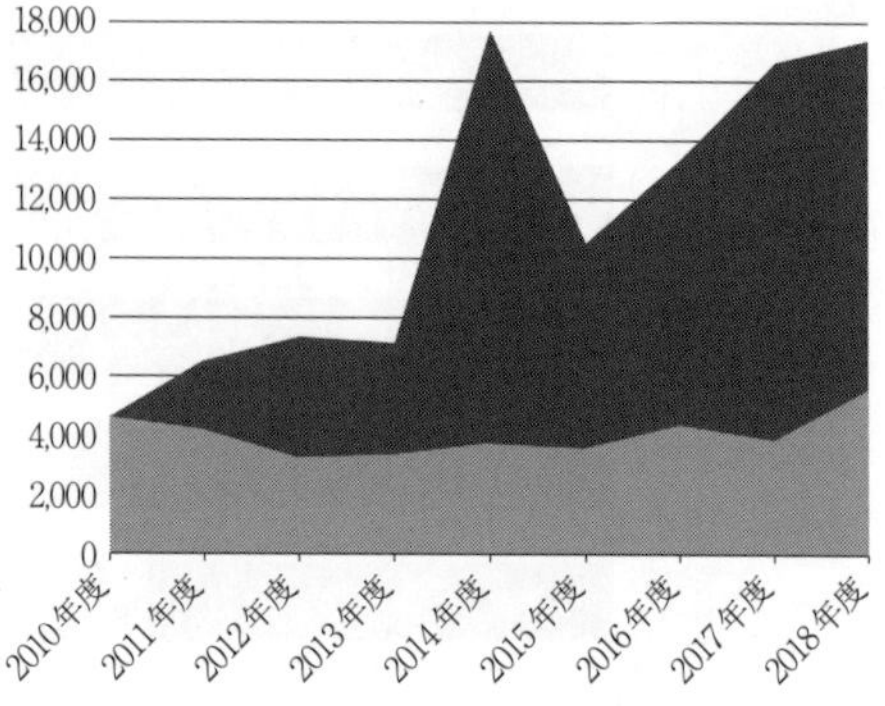

図4-6　双葉郡8町村＋飯舘村の歳出決算額の推移（単位億円）
〔出所〕福島県庁ウェブサイトから筆者作成

六五・三パーセント、職場の人間関係五四・七パーセント、住民対応五二・四パーセントと続く（図4－5）。

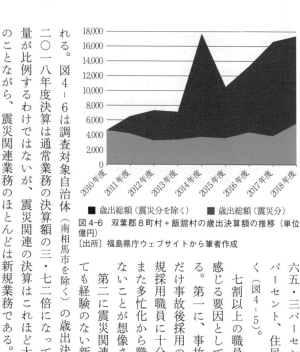

七割以上の職員が職務上の知識・経験不足を感じる要因としては次のようなことが考えられる。第一に、事故直後から退職者が増加しそれだけ事故後採用の職員が増えたことにある。新規採用職員に十分な研修を受ける機会がなく、また多忙化から職場での指導を受ける機会も少ないことが想像される。

第二に震災関連業務のほとんどが役場にとっても経験のない新しい業務であることが考えられる。図4－6は調査対象自治体（南相馬市を除く）の歳出決算額の推移をみたものである。二〇一八年度決算は通常業務の決算額の三・七二倍になっている。必ずしも決算額と仕事量が比例するわけではないが、震災関連の決算はこれほど大きいものになっている。当然のことながら、震災関連業務のほとんどは新規業務である。たとえベテラン職員でも経験のないことが多く、これまでの知識が役に立たない。

第三に実は通常業務が空洞化することもありうる。つまり事故直後の非常事態の中では一時的に行われない通常業務がある。たとえば、税金などの滞納整理や固定資産税のための資産評価などだ。もし仮に、数年間、これらの業務を組織としてやらないままに過ごすと、担当していた職員が退職したり異動したりして、継続が困難になる。戸籍などの専門的業務も同じだ。もちろん一般的なことであればある程度はできるが、煩雑な特例が多い業務には対処することができなくなる。

第四にこうして業務の種類が増えると、一人の職員が担う業務量が増えるだけではなく、個々の職員に業務が細分化される。たとえば、これまで係単位の組織として担当していた業務を一人とか二人で担うようになる。それだけ個々の職員が判断するべき機会が増し、責任の負担感も大きくなる。

以上のような要素が絡まり合って、職員の最大のストレスが職務上の知識・経験不足となっているのではないか。これらのことは次のような自由記述からも推測できる。

「中堅職員として住民との関係や業務の経験をつまなければならない時期に震災がおこり数年間は通常業務が行えなかった。今になり急に中間管理職になったため知識と経験不足を痛感している」

「震災後、これまでになかった、未経験の業務が増大して、ストレスの中で業務してきている。職員も減って、新人が採用になりその教育もあり、かなり職場全体が疲れきっている状況である」

「本来専門職として採用されたが震災後は行政の事務に配属されており自分の資格が生かせずにいる。また行政の知識不足、力不足を感じており、職員の迷惑になっているのではと仕事を続けるべきか悩むところです」

「一〇年後の状況が、まったく予測できない中で、業務を遂行している。たいへん先行きが不安である」

†四〇代のストレス

生活上のストレスと同じようにストレス度合いを計数化して属性別に比較すると表4-5のようになる。年齢別では四〇代職員がやや強くストレスを抱えている。課長層の一つ下になる係長層から課長補佐層である。町役場の組織構成から考えると、いわば中間管理職層にあたる。

また、生活上のストレスほどではないが、やはり事故前から勤務している職員の方がス

		低い	中程度	高い
全　体（1,723）		30.7%	39.8%	29.5%
年齢	20代（327）	27.5%	43.1%	29.4%
	30代（408）	28.9%	39.7%	31.4%
	40代（456）	25.4%	39.3%	35.3%
	50代以上（432）	41.4%	39.1%	19.4%
雇用形態	正職員（事故前採用）（617）	16.9%	41.0%	42.1%
	正職員（事故後採用）（463）	22.9%	44.1%	33.0%
	非正規（536）	50.9%	35.1%	14.0%
時間外勤務	ない（339）	54.9%	33.1%	12.0%
	行事・繁忙期にあるくらい（630）	33.2%	41.4%	25.4%
	週に1〜3回程度（377）	17.8%	42.7%	39.5%
	ほぼ毎日（277）	7.9%	41.9%	50.2%

表4-5　属性別にみた職場でのストレス
〔出所〕③調査

		そう思う	あまり思わない	全く思わない
全　体（1,696）		35.1%	54.1%	10.8%
雇用形態	正職員（事故前採用）（615）	31.4%	56.4%	12.2%
	正職員（事故後採用）（460）	37.8%	52.0%	10.2%
	非正規（543）	37.2%	53.2%	9.6%
働く上でのストレス	低い（511）	40.7%	53.4%	5.9%
	中程度（666）	36.3%	54.1%	9.6%
	高い（495）	27.7%	55.6%	16.8%

表4-6　復興のあり方に住民の意見が取り入れられているか
〔出所〕③調査

		そう思う	あまり思わない	全く思わない
全　体（1,703）		33.7%	50.4%	15.9%
年齢	20代（328）	40.9%	46.3%	12.8%
	30代（407）	31.0%	49.4%	19.7%
	40代（456）	32.7%	51.1%	16.2%
	50代以上（440）	32.5%	55.7%	11.8%
雇用形態	正職員（事故前採用）（619）	27.9%	52.5%	19.5%
	正職員（事故後採用）（462）	39.0%	46.3%	14.7%
	非正規（544）	36.2%	51.1%	12.7%
働く上でのストレス	低い（513）	38.4%	51.7%	9.9%
	中程度（667）	37.2%	49.0%	13.8%
	高い（496）	24.6%	50.6%	24.8%

表4-7　復興のあり方について役場内で議論ができているか
〔出所〕③調査

トレスを感じている。時間外勤務の多さと関連付けるとストレスの違いは顕著になる。

復興のあり方に住民の意見が取り入れられているかどうかを聞いたところ、六四・九パーセントの職員がそうは思わないと答えている（表4-6）。かなりショッキングな数字である。雇用形態別では事故前から勤務している職員の方がそうは思わないと感じている。彼らは事故前の地域や住民と役場との関係のあり方を体験的に知っているだけにそのように感じるのではないか。また強い相関がありそうなのは、職場でのストレスであった。ストレスが高い職員ほどそうは思っていない人が多い。

復興のあり方について役場内で議論ができているかという質問に対してもほぼ同様の傾向がみられる（表4-7）。年齢の差は雇用形態別の差に関連していると思われるが、ここでも、事故前から勤務している職員の方がそうは思わないと感じている人が多い。また職場でのストレスとの相関関係も非常に高い。

働く上でのストレスについては次のような自由記述があった。

「声高に『復興』を叫んでいても、実際の復興計画等に住民の意見が反映されているとはいいにくく、それに伴う苦情を受けてもその持ち越し先が無く、結果それが職員個々に対するストレスになっている。悪循環」

3 健康被害——カスハラによるストレス

†住民からの理不尽なクレーム(カスハラ)

震災時には特有の業務が発生する。とりわけ職員のメンタルに影響する職場環境として、住民からの理不尽なクレームを受けた経験と遺体を扱う業務への従事経験を聞いている(図4-7、図4-8)。

カスハラ(カスタマーハラスメント)は今やさまざまな職場で起こりうるが、特に反論したり突き放すことが難しい職種では顕著で、役場の窓口もその典型事例にあたる。韓国のソウル市では「ソウル特別市感情労働者の権利保護などに関する条例」が二〇一四年に施行されており、日本においても法的規制が求められるほど深刻な事態になっている。

被災地自治体では自分もしくは同僚が住民からの理不尽なクレームを受けている職員数は半数に達する。とりわけ福島県の被災地自治体では過半数の職員が直接、自分が受けたとしている。第二章でも触れられていたように、これは広域避難や放射線による健康被害不安など、心身ともに厳しい環境にあった住民が多かったためと推測できる。

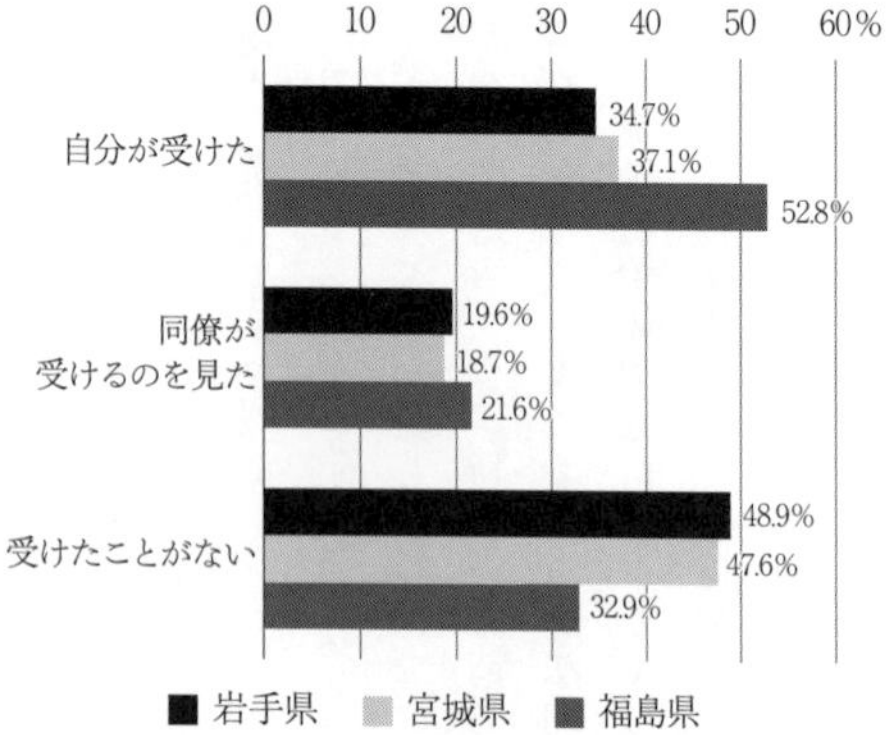

図4-7　震災後の業務で、被災住民から理不尽なクレームを受けたことがあるか（複数可）
〔出所〕②調査

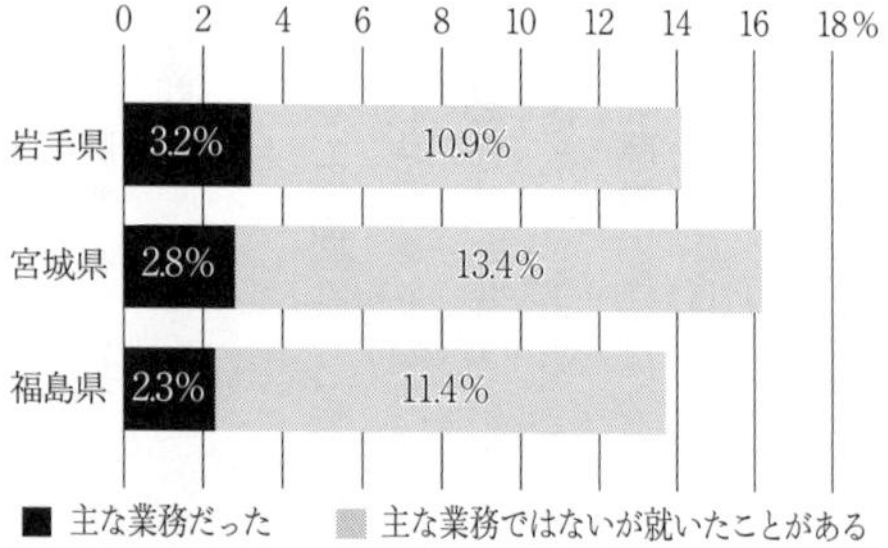

図4-8　震災で犠牲となられたご遺体に直接触れたり、見たり、扱う業務経験はあるか
〔出所〕②調査

また、一五パーセント前後の職員が震災時に業務として遺体を扱った経験をしている。捜索は消防団、消防、警察、自衛隊等があたるが、遺体を引き受けて臨時の安置所で管理したり、なかには火葬業務に従事する一般行政の事務職員もいた。核家族化の近年では親族の死に向き合う機会も少なくなったが、さらに災害で損壊した死体を扱うことはどの職

員にもほぼ初めての体験であったに違いない。これらの業務上の体験がその後の職員のメンタルに強い影響を及ぼしたことが危惧される。

†放射線による健康被害への不安

原発災害に伴う放射線による被曝は、可視化できないために不安が生じる。特に事故直後はどのような災害かもわからないままに住民の避難誘導などの活動をすることが多く、あとで振り返ったときに、あのとき相当量の初期被曝を受け、将来の体調に影響が出るのではないかという不安に襲われる。

図4－9は福島県内の被災地自治体職員に対して放射線による健康影響への不安を聞いたものである。二〇一四年は二〇一二年と比較して「あまり感じない」「全く感じない」が増えているものの、それでも過半数は不安を感じている。

それに対して業務上、防護対策が取られていたかを聞いたのが図4－10になる。「避難指示区域等での業務」がなく、設問に該当しない職員が四割前後いるが、該当職員の中では「いないときがある」「いない」が圧倒的に多い。二〇一二年から二〇一四年にかけては、改善傾向が見られるものの、特に事故直後はリスクに対する備えが取られていなかったことがわかる。

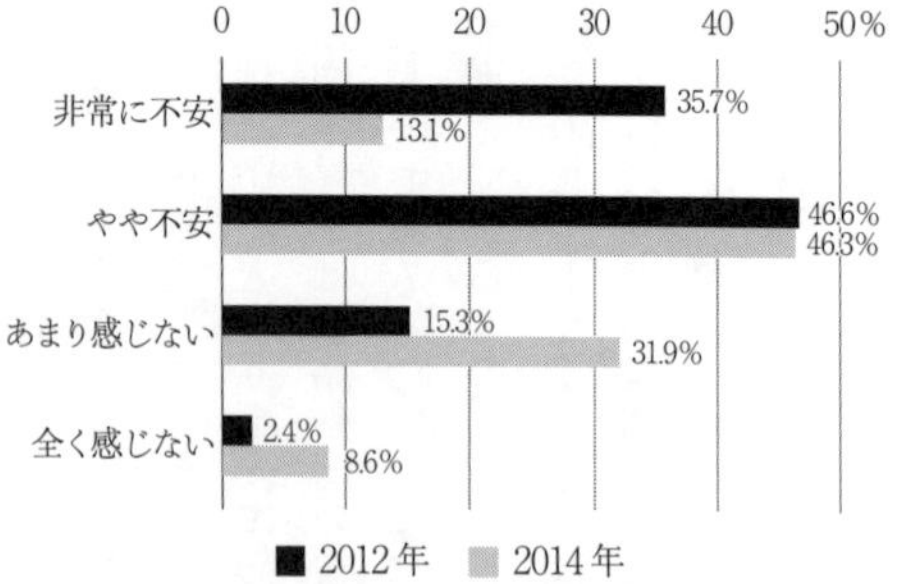

図 4-9　放射線の健康影響に不安を感じているか
〔出所〕2012 年は①調査、2014 年は②調査

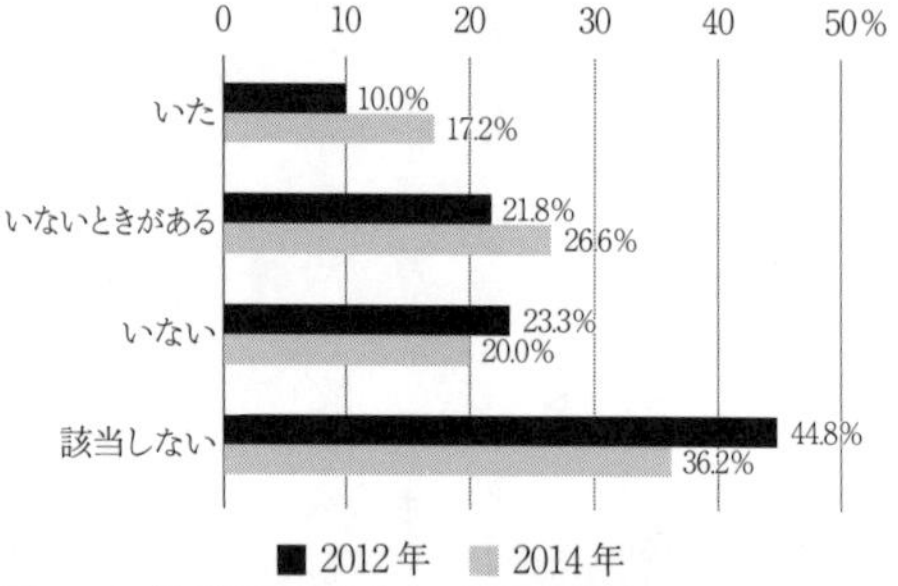

図 4-10　避難指示区域等での業務に適切な防護対策は講じられているか
〔出所〕2012 年は①調査、2014 年は②調査

全国的に見ても職員のメンタルヘルス問題は大きな課題だが、被災地自治体では特に顕著になっている。二つの被災地自治体のほぼ全員の職員に対する面接調査をした前田正治（福島県立医科大学）によれば、うつ病の多発が見られるという（前田 二〇一五）。一つの町では一五パーセント、もう一つの町では二〇パーセントに達する。一般的には約三パーセン

ト（と）考えられているので、きわめて高い数字だ。さらに自殺の恐れがある職員はそれぞれに一割近くいたという。

これは単なる自己申告のアンケートではなく、経験ある精神科医が一定の基準に沿った面接法で時間をかけて診断した結果であり、きわめて信頼性は高い。この要因は次のように分析されている。

①長時間にわたって続いている加重業務
②過酷な状況に置かれた被災者から向けられた怒りや不安
③職務を全うするか、家族を守るべきかという役割葛藤
④外部救援者とも異なる職務持続の不可避性

もちろんこれらの自治体でもメンタルヘルス・チェックは行われている。しかし調査後のケアの頻度は低く、しかも地元にある支援機関（そもそも存在しないことも多い）との連携ができていない。前田教授は「その有効性に関しては明らかに限界がある」とする。

4 就労意欲――職員を支えるのも住民

職員の就労意欲を測る指標として、仕事の充実感、職員間の支え合い感、就労継続意欲の三点を設定した。

充実感、支え合い感

仕事の充実感では職員全体で見ると、九・〇パーセントが「強く感じる」、五八・一パーセントが「まあまあ感じる」と回答しており、両者をあわせて六七・一パーセントであった。仕事の充実感を感じない職員は三二・九パーセントにとどまった。

一方、就労意欲は、職場でのストレスや、復興について役所内で議論できていると感じるか否か、あるいは復興について住民の意見が取り入れられているか否かと相関関係があることがわかる（表4－8）。その反映でもあるが、事故前から勤務している職員の方が事故後に採用された職員よりも充実感が薄いという傾向がある。

職員間の支え合い感にも同じような傾向がみられる。職員全体で見ると、一〇・九パーセントが「強く感じる」、五九・二パーセントが「まあまあ感じる」と回答しており、両

		強く感じる	まあまあ感じる	あまり感じない	全く感じない
全　体（1,708）		9.0%	58.1%	26.2%	6.7%
働く上でのストレス	低い（518）	14.3%	66.4%	16.2%	3.1%
	中程度（666）	7.8%	62.2%	24.9%	5.1%
	高い（498）	5.0%	43.8%	38.4%	12.9%
役所内で議論できている	そう思う（569）	10.5%	67.8%	18.6%	3.0%
	あまりそう思わない（852）	7.7%	58.0%	28.9%	5.4%
	全くそう思わない（269）	8.9%	37.5%	34.9%	18.6%
住民意見が取り入れられている	そう思う（591）	10.7%	66.3%	19.5%	3.6%
	あまりそう思わない（911）	7.6%	57.3%	28.5%	6.6%
	全くそう思わない（182）	9.9%	34.6%	37.9%	17.6%

表 4-8　仕事の充実感
〔出所〕③調査

		強く感じる	まあまあ感じる	あまり感じない	全く感じない
全　体（1,713）		10.9%	59.2%	24.5%	5.4%
働く上でのストレス	低い（520）	20.2%	66.3%	11.0%	2.5%
	中程度（671）	8.0%	64.7%	23.8%	3.4%
	高い（495）	4.8%	43.8%	40.0%	11.3%
役所内で議論できている	そう思う（574）	15.2%	66.7%	15.9%	2.3%
	あまりそう思わない（852）	9.2%	59.6%	27.2%	4.0%
	全くそう思わない（268）	7.5%	41.8%	34.3%	16.4%
住民意見が取り入れられている	そう思う（594）	15.2%	66.7%	15.9%	2.3%
	あまりそう思わない（914）	9.2%	59.6%	27.2%	4.0%
	全くそう思わない（180）	7.5%	41.8%	34.3%	16.4%

表 4-9　職員間の支え合い感
〔出所〕③調査

者をあわせて七〇・一パーセントであった。支え合いを感じない職員は二九・九パーセントにとどまった。

一方、こちらでも職場でのストレスや、復興について役所内で議論できていると感じるか否か、あるいは復興について住民の意見が取り入れられているか否かと相関関係があることがわかる（表4－9）。

さらに、事故前から勤務している職員の方が事故後に採用された職員よりも充実感が薄いという傾向も同じである。

職員間の支えあい感につい

ては次のような自由記述の回答があった。

「職員不足により一人当たりの業務量が増加しており長距離通勤もあり身体的にも精神的にも負担が大きい。職員不足のため職員同士でも支え合うことが難しい」

以上のことから考えると、役場職員の仕事に対する充実感や職員間の支え合い感は、役所内での議論の活性化や住民参加という要素に関係しているのではないかということが想像できる。いい換えるとそこが今後の解決方法のヒントになるかもしれない。

†定年までの就労継続意欲

早期退職が増え、それを埋める新規採用職員が増えている現状をみてきたが、退職しないで残っている職員の不安も多い。定年まで働く予定かという問いに対して、四八・八パーセントがそのつもり、一七・三パーセントがいずれ定年前に退職(転職)するつもり、三三・九パーセントが判断できないと答えている。私にとっては衝撃的な数字だった。

一般的な自治体職員の就労継続意欲の数字がどの程度のものかわからないので比較が難しいが、他の調査の類似質問によれば、「やめたいと思ったことはない」四五・四パーセ

		そのつもり	いずれ定年前に退職（転職含）	判断できない
全　体（1,084）		48.8%	17.3%	33.9%
働く上でのストレス	低い（208）	63.9%	10.1%	26.0%
	中程度（457）	50.1%	16.8%	33.0%
	高い（412）	39.6%	21.4%	39.1%
仕事の充実感	強く感じる（69）	78.3%	7.2%	14.5%
	やや感じる（580）	57.9%	12.8%	29.3%
	あまり感じない（649）	34.5%	21.3%	44.2%
	全く感じない（96）	18.8%	38.5%	42.7%
職員間の支え合い感	強く感じる（83）	65.1%	13.3%	21.7%
	やや感じる（621）	55.7%	14.5%	29.8%
	あまり感じない（307）	35.2%	20.8%	44.0%
	全く感じない（65）	27.7%	30.8%	41.5%

表4-10　定年まで働く予定か
〔出所〕③調査

ント、「かってはやめたいと思ったことがあるが今はそう思わない」三六・七パーセントで、合わせて八割の職員が就労継続意欲を示している（自治研作業委員会 二〇一一）。これに比べると、震災に直面した自治体職員の就労継続意欲はきわめて低いと思われる。

ある意味、当然のことだが、就労継続意欲は、職場でのストレス、仕事の充実感、職員間の支え合い感との強い相関関係がみられる（表4－10）。

定年までの勤労継続意欲については次のような自由記述の回答があった。

「役場機能が本庁へ戻り、家族の事情で（定年まで働き続けるつもりで就職したが）定年前に退職することとなると思う。親の介護や子どもの学校のことを考えると単身赴任や通勤は選択肢にはなく、退職後の生活（収入）のことが不安である。職場内にも同じような状況の職員がいるので、今後について話すことが多いが、不安は解消されない」

最後に①調査の自由記述の分析から、職員がどのような課題に直面するかを考えてみたい。これは自由記述欄に記載された文章を意味内容ごとに切片（コード）化し、コードの共通性を見出す中でサブカテゴリーからコアカテゴリーを抽出して整理したものである。本稿ではその結果から目立つものを抜粋している。

表4‐11は、自治体職員として、仕事によって復旧・復興期業務にあたる中、特に辛かったことは何ですか、という問いに対する回答を分析した結果から、一項目につき四〇回答以上の項目を抜き出している。大きく目立つのは住民対応と家族関係である。住民からのクレーム、暴言、苦情などによって多くの職員が苦しんでいる。家族と会えない等の悩みも大きい。その他、避難所での仕事、遺族に対応すること、先の見通しがつかない不安なども多い。

一方、自治体職員が救われるのも住民によってである。表4‐12は、自治体職員として、仕事によって復旧・復興業務にあたる中、うれしかったことは何ですか、という問いに対する回答を分析した結果から、一項目につき二〇回答以上の項目を抜き出している。住民からの感謝、ねぎらい、励ましの言葉が全体の回答数の半数近くを占める。全国からの支援もひときわ大きい。

ここまでのところをまとめておきたい。緊急時、非常時に自治体職員は想像を超えた厳しい環境に置かれる。第一に物理的な意味でほぼ二四時間の対応を迫られる。たとえば緊急時、非常時の避難所運営は住民と生活を共にしなければならないため、一瞬たりとも休

仕事	業務内容 291	避難所での仕事	74
		通常の業務とは異なった業務や環境	46
		遺族に対応すること	41
		その他	130
	業務量 80	業務過多	45
		その他	35
	待遇 75	休日がなかった	68
		その他	7
	住民対応 599	住民からのクレーム	115
		住民対応	103
		住民からの暴言	93
		住民からの苦情	87
		自治体職員に対する住民の意識	47
		その他	154
	自治体職員として 583	家族よりも仕事優先	406
		その他	177
	身体的・精神的ストレス 105	先の見通しが立たない不安	65
		その他	40
	支援体制 78		78
	自治体組織 101	指揮命令系統の不備や機能不全	54
		その他	47
	上司や同僚 119		119
	家族との離別 104	家に帰れない・家族に会えない	98
		その他	6
震災	被害 109		109
	ライフライン・物資の不足 76	情報系統のマヒ	40
		その他	36
	進まない復興 20		20
	心身の消耗 73		73
	すべて 12		12
原発	原発 122		122
その他	その他 25		25

表 4-11　復旧・復興業務において特に辛かったことは何か
〔出所〕①調査

復旧・復興	復旧・復興 65	元に戻ってきたこと	29
		復旧が進むこと	24
		その他	12
	生命の喜び 4		4
絆・一体感	絆・一体感 83	職員間の一体感	41
		その他	42
仕事	仕事の充実感 76	役に立てたという実感	62
		その他	14
	職場 100		100
住民	住民の言動 807	感謝やねぎらいの言葉	698
		励ましの言葉	44
		住民の笑顔	21
		その他	44
	住民の反応 10		10
	住民の無事 16		16
	住民との協力 68	住民との協力	26
		その他	42
支援	支援 244	全国からの支援	227
		その他	17
	サポート 45		45
仕事外	休養 6		6
	日常 2		2
	出会い 8		8
家族	家族 13		13

表 4-12　復旧・復興業務においてうれしかったことは何か
〔出所〕①調査

む時間がなくなる。

第二に業務の質と量が一気に拡大する。危機対応に関する業務のほとんどはこれまでに経験したことがない業務であり、役場内にも経験者はいない。

第三に職員もまた被災者である場合がほとんどである。住まいや家族など、自らの生活基盤が崩れている環境であるにもかかわらず、住民に対しては支援者でなければならない。

こうした環境に対してわずかながらも希望を見出せるとすれば、第一に役所内での議論の活性化や住民参加が役場職員の仕事に対する充実感や職員間の支え合い感にポジティブな影響を及ぼすことが見受けられるという点である。当然ながら平時からの職場の風土としてこれらが形成されていなくては、いざというときには役立たない。

第二に厳しい環境を生み出す要因の一つが住民という存在であるにもかかわらず、それを緩和させるのも住民であるという点である。いい換えれば、自治体職員はどれだけ住民を愛しているのかということでもある。それが片思いに終わらないようにすることも、自治体やその住民にとって必要なことかもしれない。

第三に、そうはいっても根底的な要因を取り除く必要があるのではないかということも想像される。それは制度の問題であり、自治体の態様の問題だろう。もう少し大げさにいえば、国、都道府県、市町村という統治機構のあり方かもしれない。ただそこまでいくと本書の手に余るので、また別の機会に譲りたい。

5　事故後採用職員——町民との葛藤

†「生きる場所を失われることの辛さがわかるか」

これまでの調査報告で、事故前から勤務している職員と事故後に採用された職員との間に意識のギャップがあることがわかったが、それは決して資質や問題意識の差異ではなく、置かれた環境や基盤の違いに由来すると思われる。あくまでも一例に過ぎないが、事故後採用職員の一人をご紹介したい。

Aさんは事故後五年を経過した二〇一六年四月に、地域外に避難中の役場に就職した。それ以前は民間企業に勤務していて、直接、福島県の双葉郡地域とは縁がなかったが、二〇一三年一〇月から仕事の関係で避難中の役場を訪れることが多くなった。

そこで職員の一人から聞かされたことは、「この町に就職して暮らし続けてきた人間というのは、いろんな人生の選択肢がある中でこの町に残ることを決めた、もしくは残らざるを得なかったという人が多い。ここで生きると決めた人間がこういう形で生きる場所を失われることの辛さがわかるか」ということだった。そのことばがその後も強く印象に残っているという。

避難中の住民と話す機会もあったが、土地は自分の所有ではないという感覚があり、ただ前の人（先祖）からパスを受けてたまたまこの土地を持っているだけで、これは次の世代にパスするべきもの、つまりチェーンの中の一つというふうに自分の存在をみなしていることに驚く。こういう感覚は、理屈ではわかるが本心ではわからなかったという。

たまたま参加した避難先での町政懇談会では、一人の町民が町役場の人たちに向かって、「住民票を（避難先に）移せと決めて欲しい」と発言するのを目撃する。多分避難先でも肩身の狭い思いをしているのではないか、本当は住民票を移したくないが、町に決められて渋々しかたがないから移すしかなかったとしたいのだろうと心情を推測する。

客観的にみていると、国と東電がうまくやったと感じていた。賠償でも避難区域の再編でも、地域全体の問題にせずに個別の問題にされてしまった。あまりにも事情が違うからまとまれなかったのかもしれないが、個別の問題にされると地域でまとまることができない。国と個人が直接交渉したり対峙することになってしまう。

もともとその民間企業をいずれ辞めたいと考えていたが、人事異動が予想される時期に決断し、次の職場を探していたところ、たまたまその役場の社会人中途採用募集が目についた。小論文と面接だけだったのでそれほど深く考えずに受けたところ、採用されて役場に勤務することになる。

†「町を見せ物にしたくない」

採用面接では町史を編纂したいといった。もともと歴史に興味があったわけではないが、町史は原発が出来たところまでで終わっているので、そこからこの事故までの町史の空白を埋めなくてはいけないと思っていた。ところが採用されて配属されたのは町史の編纂ではなく震災記録誌の編集だった。

震災記録誌の編集作業はおもしろかった。災対本部の記録などの公文書を読み込めたので、町のこれまでの流れが確かめられる。震災当時からいた職員全員にアンケートをお願いして、了解を得られた人にはすべてお話を聞いた。役場の職員の顔と名前や経歴も覚えるきっかけになったので、一年目の職員としては助かったと話す。

職員も協力してくれた。積極的にしゃべりたいと思ってはいなかったかもしれないが、聞けばどんどん話してくれる。資料も提供してもらった。それらの記録は全部メモを起こしているが、今は出せなくても七〇年後くらいに出せたらいいなと思っている。ただ、記憶だけではあいまいなので、二人以上が同じ証言をしていることとか、公文書や公的な記録に載っているものを基に裏付けは確実にやったという。

役場にインターンできていた町出身の若い女性と話していたら、「町を見せ物にしたくない」「記録を残したいと思わない」といわれて考え込んでしまった。自分は「よそ」から この町に入ったので、「よそ」に向けて伝えるという視点になっていた。それは町民のためになっているのか、町民が望んでいることなのかを考えたと話す。

この町出身の高校生と話していると、「アイデンティティがわからなくなる」「人に問われてどこの町出身といっていいのかわからない」という。確かにこの町で生まれたが、避難先で暮らしている方が長くなり、親はまた別の地域で住宅を再建して今はそこでいっしょに暮らしている。避難先に置かれたこの町の学校にいるときは周りも同じだったが、高校に入学するとよくわからなくなって「落ち込んでいた」という。

その話を聞いて、そういう人たちがルーツを知りたいと思った時に、アーカイブズ事業が必要だと考えた。二〇二〇年四月に異動してアーカイブズ事業を担当することになった。そこに行けばなぜ自分がこういう生き方をしてきたのかを辿っていけるように作りたい。もちろん高齢者には心の和みも求められる。結局は、この町を知らない人たちが来てもこの町のことがわかるようにしたいと話す。

「想定外」「未曾有の事故」という言葉を震災記録誌でも何回か使ったが、最近になって「想定外」でも「未曾有」でもなくて、前例はあったということがわかってきた。日本には広島、長崎があり、第五福竜丸があって、ビキニ環礁でも同じように避難をさせられ、賠償の問題に直面してきた。当時はそういうことが意識になかった。チェルノブイリや水俣にも行って、アーカイブズのあり方を考えたとのことだった。

一方で、押し付けがましくならないようにしたい。「よそ」の人から「辛かったんでしょうね」というところで止まるようなものにはしたくない。職員なので異動や、あるいは町長や副町長が変わればスタンスが変わる可能性もある。その時に備えて、できるだけ町民の声を集めて裏付けをとり、ひっくり返りそうになったときに、「いえいえこれ町民の声ですけど」といえるような仕事の進め方をしたいと意気込む。

事故後採用職員の全てがAさんのような人ではないことはもちろんだが、私は他にも何人か同じような人たちを知っている。中山間地域で人口減少が著しい地域に、敢えて就職する若い人たちも何人かみてきた。今後、事故後採用職員に必要なのは、原発事故という激しい断絶を乗り越えて、事故前にその地域で暮らし、地域のことや行政のあり方を熟知している職員や住民と、スキルや知恵の交流をすることではないかと思う。

おわりに

今井 照

†いざというときに住民を救うことができる

本書では被災地自治体という観点から原発事故における特定の側面を描いてきた。もちろん、それは一部であって全部ではないが、ひょっとしたら自然災害などの緊急事態に迫られている地域やその他の「未災」地域にも普遍的にあてはまることがあるのではないかと思う。

これを住民の側から考えるとどうなるか。第一に、自治体がそこに存在する意義をどのように考えるかだろう。一般的にいえば、役場に対しては厳しい視線が注がれることが多いに違いない。職員に対しても効率が悪いとしばしば指摘される。確かにそれも根拠がないわけではない。

最近、青年層によく読まれている本の中にも「日本の地方でも、中央政府からの補助金や支援を莫大に受けながら、なかなか自立できないところばっかり」と書かれている。「地方政府もビジネスと同じ」で、「ダメな政治が行われている場所」は「縮小していくようにしなきゃいけない」と続く。これらは現象的にはそのとおりだが、構造的な理解としては誤っている。

第二章でお話を聞いた石田仁さんは、しばしば「国や県がやってくれるんなら俺たちは何もしなくて助かるけど、やってくれないから俺たちがやるしかないべ」ということをいわれる。「自立できない」という自治体像と石田さんの自治体観は、一見すると正反対のことをいっているようにみえるが、どうも違う次元の話になっている気がする。

前者は行政サービス提供機関としての自治体を指している。だから「ビジネスと同じ」になる。自治体がそういう側面を持っていることは事実だろう。ただよくよく考えると、たとえば義務教育の小中学校を設置し、管理して運営するという自治体の役割は、決して個別の自治体固有の役割ではなく、国全体の行政の一端を担うことでもある。地域によって子どもが小学校に通えないなどという事態が起きたら国民国家としては破綻している。

つまり多少の効率を犠牲にしてでも小学校に通えるようにするのが自治体の役割であり、そのために国が財政的支援をするのは当然のことだ。問題は自治体の仕事のほとんどがそういう種類のものだというところにある。もちろん効率は大事である。同じように小学校を運営できるのであれば効率のいい方が望ましい。それでも小学校を設置し、管理し、運営するという業務の実施そのものは効率からは判断できない。

これを大局的に俯瞰すると、自治体が「自立できない」のではなく、実は国が自治体に依存している構造になっていることに気づく。もう少しきれいな言葉にいい換えると「補完」し合っている。

一方、石田さんの自治体観は別の次元のことを指している。地域には地域の人たちがいて、地域の事情があり、地域の環境がある。そこには地域の意思が存在する。その一つひとつを国が斟酌して行政を多元的に展開することは不可能であり、地域のことは地域に任せてもらうという主旨ではないかと推測する。一言でいえば、地域における「政治」の存在を指摘しているのではないか。

もちろん国には国の役割があり、一定の基準を設けて網羅的に行政を展開することは国にしかできない。たとえば六歳になったら小学校に通うという決め事は全国一律に提供される。しかしそういう一律的な基準ですべての人々をカバーすることはできない。とりわけ災害のような非常時にはそれが顕著に現れる。だから災害対策基本法は市町村主義を貫いている。

ここに自治体の存在意義がある。極端に矮小化していえば、いざというときに住民を救うことができるという一点のために自治体があるのであり、それ以外の仕事はやってもやらなくてもかまわない。果たして自分の自治体はいざというときに自分を救ってくれるだろうか。

†自治体概念と「住民」概念の再構築

第二に、それではこのような自治体の存在意義が現状で果たされているのかを考える。自治体の根源を遡れば「寄合《よりあい》」にある。それでは遡りすぎるといわれるかもしれないが、地域の意思、すなわち地域の「政治」を表現するための存在が自治体であるという原点はここにある。もちろん当時の「寄合」は戸主（世帯主）の集まりであり、高齢男性中心という封建的なものだった。

それに比べれば、現在の民主主義は少なくとも制度的には飛躍的に前進している。一方、自治体の原点から考えても、自治体の存在意義から考えても、必ずしも現在の自治体が市民に期待されているレベルで活動できているのかといえば心もとない。歴史的にみれば、明治維新政府による地方制度構築にその転換点があり（荒木田 二〇二〇）、直接的な要因としては、明治期以降の度重なる合併で、あまりにも市町村（基礎的自治体）が大規模化かつ広域化してしまったことにある。

このような自治体概念の転換と裏腹にあるのが「住民」概念の転換である（渡部 二〇二〇）。そもそも「住民」という言葉は明治期以降に登場する。明治初期の徴兵令の緒言（一八七三年）や大久保上申書（「地方之体制等改正之儀」一八七八年）に「住民」という言葉が使われているが、現在のような意味になったのは市制町村制という法律においてであった（一八八八年制定）。

その検討段階では「属民」、つまり明治維新政府による地方制度構築により行政区画として区切られた町村という「エリアに属する民」という意味の言葉が使われていた。つまり「村の自治の主体」から「国家統治の客体」への意味変換だった。「属民」のうち、一定の条件を備える男子が「住民」として選抜されるという草案になっている。後の「公民」概念に連なるものだろう。

市町村の大規模化と広域化の背景には市町村が国家全体の行政サービスの提供機関として高度化してきたことがあるかもしれない。「地方分権」にはいろいろな側面があるが、現在は、国から都道府県へ、都道府県から市町村へ、仕事を移譲することが「地方分権」だと思われている節がある。しかもそれが地域事情や自治体規模にかかわらず、全国画一的に一律で進められるので、これをそのまま受け入れていくと、多くの市町村ではさらなる大規模化と広域化が推進されることになる。あるいは「連携」が強調されるようになる。その結果、ますます自治体の原点や存在意義が薄れ、住民は自分事として自治体をみることなく、単に行政サービスを提供する機関だと考えるようになる。それは自治体が自治から切り離されていくことでもある。もちろんこういう流れに抗して自治を目指す住民の動きも起こる。一九六〇年代から七〇年代にかけての反公害、反公共の住民運動やその後のNPO活動などは、こちらももともとの意味からは換骨奪胎された「市民」という言葉で表される主体の登場として語られている。

ところが私は二〇一一年三月一一日直後から、双葉郡の小規模町村に自治体の原点と存在意義が残存していることを発見した。もちろん、決して十分だったわけではないし、ミスも多かった。それでも町村が中軸になって多くの住民を避難に導いたことは確かだし、その背景には平時における役場と住民との接触度の高さがあった。とりわけ、人口一五〇〇人の葛尾村の取り組みを見聞した時には感動さえ覚えた(今井 二〇一四)。

そこから考えたのは、行政サービスを提供することが自治体の本質ではないということである。そもそも行政サービスは多様で市町村だけで担えるようなものではない。もちろん窓口は身近な市町村にあることが望ましいが、市町村でできないことは民間企業や市民活動、あるいは都道府県が提供することでもかまわない。単なる手続きなら、それこそデジタル化やＡＩ化でも対応できる部分もある。

突き詰めて考えると、先に触れたように、市町村はいざというときに住民を救うことができるという一点が大事なのではないかと思い始めた。そのために日々の市町村行政がある。そして、そこに「寄合」を近代化した自治がある。それがあるべき市町村像であり、いまはあまりにも遠くに来過ぎてしまった。

当面、できることは分節化することである。分節化は多元化と重層化とのクロスによって成立する。空間的に地域を分割化することを意識して自治体行政を進めるということもありうるが（重層化）、もう片方では市民の属性によって分割化していくこともありうる（多元化）。たとえば、子どもから高齢者までの年代によってとか、職業や属性に応じてとかが考えられる。要は自分事として感じられる範囲まで分節化していくことである。

本来であればコミュニティの制度化が自治体であり、その多様性の表現者が自治体議員であるはずなのだが、市町村の大規模化と広域化や議員定数の縮減は自治体行政と自治体議会（自治体政治）から多様性を奪い始めている。「議員のなり手不足」の根源はここにある。

†今後の地域社会で

本書は（公財）地方自治総合研究所に置かれた原発災害研究会による活動の成果の一部である。本書と同時並行で、朝日新聞社との一〇年にわたる原発避難者調査のとりまとめも公人の友社から『原発避難者「心の軌跡」――実態調査10年の記録』として公刊される予定であるが、その一部もまたこの研究会の成果物となるので、原発避難や「復興」という論点についてはこちらをご参照願いたい。

研究会メンバーの西田奈保子さん（福島大学）と高木竜輔さん（尚絅学院大学）、並びに事務局の堀内匠さん（自治総研）にこれまでのご協力について感謝したい。また研究会設置を促してくださった自治総研の前所長辻山幸宣さんにもお礼を申し上げたい。

自治総研では、本書のモチーフを被災者やその支援者の視点から考え、あわせて法学、行政学、社会学などの講学上の論点に結び付けることを意図した第三四回自治総研セミナー「自治体の可能性と限界〜原発災害から考える」を開催し、その記録を公刊している（今井 二〇一九b）。本書の発展形の一つとして読んでくだされば幸いである。

研究会のインタビューに応じてくださった第二章の石田仁さん（大熊町）、第三章の宮口勝美さん（浪江町）には、多忙な公務の中、こちらの勝手わがままなふるまいをお許しくださり心からの感謝を申し上げる。実は、この他にも多数の方にインタビューをさせていただいているが、今回は成果物として出すことができず申し訳なく思う。

なお、本書と同じアプローチで、富岡町、楢葉町、南相馬市、国見町の事例を取り上げたものとして、今井・自治体政策研究会（二〇一六）がある。手に取ってくださったらありがたい。

最後に、編者たちの強引なお願いを聞き入れてくださった松田健さん（筑摩書房）に改めて「ありがとうございます」と頭を下げたい。本書で描かれた経験がそれぞれの地域社会の今後に生かされることを願っている。

二〇二一年一月

引用文献

朝日新聞いわき支局編（一九八〇）『原発の現場——東電福島第一原発とその周辺』朝日ソノラマ
朝日新聞特別報道部（二〇一二）『プロメテウスの罠』学研パブリッシング
朝日新聞特別報道部（二〇一三）『プロメテウスの罠3』学研パブリッシング
荒木田岳（二〇二〇）『村の日本近代史』ちくま新書
今井照（二〇一四）『自治体再建——原発避難と「移動する村」』ちくま新書
今井照（二〇一九a）「危機対応と自治体職員——三つの職員調査から」『市政研究』二〇二号
今井照編（二〇一九b）『原発災害で自治体ができたこと・できなかったこと』公人の友社
今井照・自治体政策研究会編著（二〇一六）『福島インサイドストーリー——役場職員が見た原発避難と震災復興』公人の友社
原子力資料情報室編（二〇一六）『検証 福島第一原発事故』七つ森書館
自治研作業委員会（二〇一一）「分権時代における自治体職員の働き方」
白石草（二〇一七）「研究デザインから考える福島県の『甲状腺検査』」『科学』八七巻七号
高木竜輔（二〇一八）「原発被災自治体職員の実態調査（2次）」『自治総研』四七五号
高木竜輔（二〇二〇）「原発被災自治体における職員の避難と生活再建における論理」『自治総研』五〇二号
東京新聞原発事故取材班（二〇一二）『レベル7』幻冬舎
東京電力福島原子力発電所事故調査委員会（二〇一二）『国会事故調 報告書』徳間書店
東京電力福島原子力発電所における事故調査・検証委員会（二〇一二）『政府事故調 中間・最終報告書』メディアランド
東北学院大学文学部歴史学科（二〇二〇）『大学で学ぶ東北の歴史』吉川弘文館

中嶋久人（二〇一四）『戦後史のなかの福島原発』大月書店
西田奈保子（二〇二〇）「原子力被災市町村における応援職員」『自治総研』五〇四号
福島民報社編集局（二〇一三）『福島と原発――誘致から大震災への五十年』早稲田大学出版部
福島県大熊町（二〇一七）『大熊町震災記録誌　福島第一原発、立地町から』福島県大熊町
福島県双葉郡浪江町役場総務課（二〇一七）『浪江町震災記録誌』福島県双葉郡浪江町役場総務課
福島県双葉町（二〇一七）『双葉町東日本大震災記録誌　後世に伝える震災・原発事故』福島県双葉町
星亮一（二〇一八）『斗南藩――「朝敵」会津藩士たちの苦難と再起』中公新書
前田正治（二〇一五）「福島における被災自治体職員の疲弊、そして危機」『月刊自治研』二〇一五年七月号
三浦英之（二〇二〇）『白い土地』集英社クリエイティブ
門馬好春（二〇二一）「中間貯蔵施設は今どうなっているのか」『現代の理論』五一号
渡部朋宏（二〇二〇）『住民論――統治の対象としての住民から自治の主体としての住民へ』公人の友社

写真について

本書に収められた写真でクレジットのないものについては、編者撮影の他、大熊町役場や浪江町役場から提供を受けた。ご協力に感謝したい。

大熊町写真館（https://www.town.okuma.fukushima.jp/site/shashinkan/）から転載した写真の場所と番号は次のとおりである。

第一章扉、第二章扉、2-1、2-3、2-6、2-7、2-8、2-9、2-10、2-11、2-12、2-13、2-14、2-15、2-16、2-18、2-19、2-21、2-22

ちくま新書
1554

原発事故《げんぱつじこ》 自治体《じちたい》からの証言《しょうげん》

二〇二一年二月一〇日 第一刷発行

編者 今井照（いまい・あきら）／自治総研（じちそうけん）

発行者 喜入冬子

発行所 株式会社筑摩書房
東京都台東区蔵前二―五―三 郵便番号一一一―八七五五
電話番号〇三―五六八七―二六〇一（代表）

装幀者 間村俊一

印刷・製本 株式会社精興社

ISBN978-4-480-07372-3 C0231

ちくま新書

974
原発危機　官邸からの証言
福山哲郎
本当に官邸の原発事故対応は失敗だったのか？　当時の官房副長官が、自ら残したノートをもとに緊急事態への取組を徹底検証。知られざる危機の真相を明らかにする。

1059
自治体再建
――原発避難と「移動する村」
今井照
帰還も移住もできない原発避難民を救うには、江戸時代の「移動する村」の知恵を活かすしかない。バーチャルな自治体の制度化を提唱する、新時代の地方自治再生論。

1238
地方自治講義
今井照
地方自治の原理と歴史から、人口減少やコミュニティ、憲法問題など現在の課題までをわかりやすく解説。市民が自治体を使いこなすための、従来にない地方自治入門。

1310
行政学講義
――日本官僚制を解剖する
金井利之
我々はなぜ官僚支配から抜け出せないのか。政治主導はなぜ無効なのか。支配・外界・身内・権力の四つの切り口で行政の作動様式を解明する、これまでにない入門書。

1150
地方創生の正体
――なぜ地域政策は失敗するのか
山下祐介
金井利之
「地方創生」で国はいったい何をたくらみ、地方をどう支配しようとしているのか。気鋭の社会学者と行政学者が国策の罠を暴き出し、統治構造の病巣にメスを入れる。

995
東北発の震災論
――周辺から広域システムを考える
山下祐介
中心のために周辺がリスクを負う「広域システム」。その巨大で複雑な機構が原発問題や震災復興を困難に追い込んでいる現状を、気鋭の社会学者が現地から報告する。

1210
日本震災史
――復旧から復興への歩み
北原糸子
度重なる震災は日本社会をいかに作り替えてきたのか。有史以来、明治までの震災の復旧・復興の事例に焦点を当て、史料からこの国の災害対策の歩みを明らかにする。

ちくま新書

1300
古代史講義 ——邪馬台国から平安時代まで
佐藤信編

古代史研究の最新成果と動向を一般読者にわかりやすく伝えるべく15人の専門家の知を結集。列島史の全体像が1冊でつかめる最良の入門書。参考文献ガイドも充実。

1308
オリンピックと万博 ——巨大イベントのデザイン史
暮沢剛巳

二〇二〇年東京五輪のメインスタジアムやエンブレムのコンペをめぐる混乱。巨大国家イベントの開催意義とは何なのか？ 戦後日本のデザイン戦略から探る。

1529
村の日本近代史
荒木田岳

日本の村の近代化の起源は、秀吉による村の再編にあった。戦国末期から、江戸時代、明治時代までの村の近代化の過程を、従来の歴史学とは全く異なる視点で描く。

1539
アメリカ黒人史 ——奴隷制からBLMまで
ジェームス・M・バーダマン
森本豊富訳

奴隷制の始まりからブラック・ライヴズ・マターが再燃する今日まで、人種差別はなくなっていない。アメリカ黒人の歴史をまとめた名著を改題・大改訂して刊行。

1543
駒形丸事件 ——インド太平洋世界とイギリス帝国
秋田茂
細川道久

一九一四年にアジア太平洋で起きた悲劇「駒形丸事件」。あまり知られていないこの事件を通して、ミクロな地域史からグローバルな世界史までを総合的に展望する。

1546
内モンゴル紛争 ——危機の民族地政学
楊海英

なぜいま中国政府は内モンゴルで中国語を押しつけようとしているのか。民族地政学という新視点から、モンゴル人の歴史上の問題を読み解き現在の紛争を解説する。

1515
戦後日本を問いなおす ——日米非対称のダイナミズム
原彬久

日本はなぜ対米従属をやめられないのか。戦後の「日米非対称システム」を分析し、中国台頭・米国後退の中、政治的自立のため日本国民がいま何をすべきかを問う。

ちくま新書

955
ルポ 賃金差別
竹信三恵子
パート、嘱託、派遣、契約、正規……。同じ仕事内容でも、賃金に差が生じるのはなぜか？　非正規雇用という現代の「身分制」をえぐる、衝撃のノンフィクション！

1029
ルポ 虐待
――大阪二児置き去り死事件
杉山春
なぜ二人の幼児は餓死しなければならなかったのか？　現代の奈落に落ちた母子の人生を追い、女性の貧困を問うルポルタージュ。信田さよ子氏、國分功一郎氏推薦。

1072
ルポ 高齢者ケア
――都市の戦略、地方の再生
佐藤幹夫
独居高齢者や生活困窮者が増加する「都市」、人口減や市街地の限界集落化が進む「地方」。正念場を迎えた「高齢者ケア」について、先進的事例を取材して考える。

1125
ルポ 母子家庭
小林美希
夫からの度重なるDV、進展しない離婚調停、親子のギリギリの生活……。社会の矛盾が母と子を追い込んでいく。彼女たちの厳しい現実と生きる希望に迫る。

1496
ルポ 技能実習生
澤田晃宏
どのように日本へやってきたか。なぜ失踪者が出るのか。働く彼らの夢や目標と帰国後の生活とは。国際的な人材獲得合戦を取材して、見えてきた労働市場の真実。

1521
ルポ 入管
――絶望の外国人収容施設
平野雄吾
「お前らを日本から追い出すために入管（ここ）があるんだ」。密室で繰り広げられる暴行、監禁、医療放置――。巨大化する国家組織の知られざる実態。

960
暴走する地方自治
田村秀
行革を旗印に怪気炎を上げる市長や知事、地域政党。だが自称改革派は矛盾だらけだ。幻想を振りまき混乱に拍車をかける彼らの政策を分析、地方自治を問いなおす！

ちくま新書

1367
地方都市の持続可能性
——「東京ひとり勝ち」を超えて
田村秀
煮え切らない国の方針に翻弄されてきた全国の自治体。厳しい状況下で地域を盛り上げ、どうブランド力を高めるか。都市の盛衰や従来の議論を踏まえた生き残り策。

941
限界集落の真実
——過疎の村は消えるか？
山下祐介
「限界集落はどこも消滅寸前」は嘘である。危機を煽り立てるだけの報道や、カネによる解決に終始する政府の過疎対策の誤りを正し、真の地域再生とは何かを考える。

1100
地方消滅の罠
——「増田レポート」と人口減少社会の正体
山下祐介
「半数の市町村が消滅する」は嘘だ。「選択と集中」などという論理を振りかざし、地方を消滅させようとしているのは誰なのか。いま話題の増田レポートの虚妄を暴く。

1151
地域再生入門
——寄りあいワークショップの力
山浦晴男
全国どこでも実施できる地域再生の切り札「寄りあいワークショップ」。住民全員が連帯感をもってアイデアを出しあい、地域を動かす方法と成功の秘訣を伝授する。

1445
コミュニティと都市の未来
——新しい共生の作法
吉原直樹
多様性を認め、軽やかに移動する人々によるコミュニティはいかにして成立するのか。新しい共生の作法が、既存の都市やコミュニティを変えていく可能性を探る。

971
夢の原子力
——Atoms for Dream
吉見俊哉
戦後日本は、どのように原子力を受け入れたのか。核戦争の「恐怖」から成長の「希望」へと転換する軌跡を、緻密な歴史分析から、ダイナミックに抉り出す。

934
エネルギー進化論
——「第4の革命」が日本を変える
飯田哲也
いま変わらなければ、いつ変わるのか？　自然エネルギーは実用可能であり、もはや原発に頼る必要はない。持続可能なエネルギー政策を考え、日本の針路を描く。

ちくま新書

1171
震災学入門
――死生観からの社会構想
金菱清
東日本大震災によって、災害への対応の常識は完全に覆された。科学的なリスク対策、心のケア、霊性、コミュニティ再建などを巡り、被災者本位の災害対策を訴える。

541
内部被曝の脅威
――原爆から劣化ウラン弾まで
肥田舜太郎
鎌仲ひとみ
劣化ウラン弾の使用により、内部被曝の脅威が世界中に広がっている。広島での被曝体験を持つ医師と気鋭の社会派ジャーナリストが、その脅威の実相に斬り込む。

923
原発と権力
――戦後から辿る支配者の系譜
山岡淳一郎
戦後日本の権力者を語る際、欠かすことができない原子力。なぜ、彼らはそれに夢を託し、推進していったのか。忘れ去られていた歴史の暗部を解き明かす一冊。

965
東電国有化の罠
町田徹
国民に負担を押し付けるために東京電力は延命させられた！　その裏には政府・官僚・銀行の水面下での駆け引きがあった。マスコミが報じない隠蔽された真実に迫る。

1086
汚染水との闘い
――福島第一原発・危機の深層
空本誠喜
抜本的対策が先送りされ、深刻化してしまった福島第一原発の汚染水問題。事故当初からの経緯と対応策・進捗状況について整理し、今後の課題に向けて提言する。

1055
官邸危機
――内閣官房参与として見た民主党政権
松本健一
尖閣事件、原発事故。そのとき露呈した日本の統治システムの危機とは？　自ら推進した東アジア外交への反省も含め、民主党政権中枢を内部から見た知識人の証言。

1540
飯舘村からの挑戦
――自然との共生をめざして
田尾陽一
コロナ禍の今こそ、自然と共生する暮らしが必要だ。福島県飯舘村の農民と協働し、ボランティアと研究者を結集してふくしま再生の活動をしてきた著者の活動記録。